Andreas Braun (Hrsg.),

DB-Fahrzeuge: Lokomotiven und Triebwagen der Deutschen Bahn

Titelbild: Marcus Henschel

CIP-Einheitsaufnahme
DB-Fahrzeuge:
Lokomotiven und Triebwagen der Deutschen Bahn /
Andreas Braun (Hrsg.).
2. überarbeitete und ergänzte Auflage
München: GeraMond Verlag, 1998
ISBN 3-932785-10-X

2. Auflage 1998

Redaktion: Andreas Braun, Bodo Jaster
Herstellung: Klaus J. Vetter
Druck: Graphische Betriebe Eberl, Immenstadt
Printed in Germany

Andreas Braun

DB-Fahrzeuge

Lokomotiven und Triebwagen der Deutschen Bahn

GeraMond

Die Lokomotiven und Triebwagen

Triebfahrzeugart 1: Elektrische Lokomotiven

Baureihe 101 6
Baureihe 103 8
Baureihe 110 10
Baureihe 111 14
Baureihe 112 16
Baureihe 113 18
Baureihe 120 20
Baureihe 127 22
Baureihe 128 24
Baureihe 139 26
Baureihe 140 28
Baureihe 141 30
Baureihe 142 32
Baureihe 143 34
Baureihe 145 36
Baureihe 150 38
Baureihe 151 40
Baureihe 152 42
Baureihe 155 44
Baureihe 156 46
Baureihe 171 48
Baureihe 180 50
Baureihe 181.0 52
Baureihe 181.2 53
Baureihe 184 55

Triebfahrzeugart 2: Brennkraftlokomotiven

Baureihe 202/204 56
Baureihe 210.4 58
Baureihe 211 59
Baureihe 212 61
Baureihe 213 62
Baureihe 215 63
Baureihe 216 64
Baureihe 217 65
Baureihe 218 66
Baureihe 219 68
Baureihe 229 70
Baureihe 232 72
Baureihe 234 74
Baureihe 259 75
Baureihe 290 76
Baureihe 291 77
Baureihe 294 78
Baureihe 295 79
Baureihe 298 80

Triebfahrzeugart 3: Kleinlokomotiven

Baureihe 310 81
Baureihe 311 82
Baureihe 312 83
Baureihe 323 84
Baureihe 332 86
Baureihe 333 87
Baureihe 335 88
Baureihe 344 89
Baureihe 345/346 90
Baureihe 347 92
Baureihe 352 93
Baureihe 360-365 94
Baureihe 399 98

Triebfahrzeugart 4: Elektrische Triebwagen mit Fremdstromzuführung

Baureihe 401 100
Baureihe 402 104
Baureihe 403 108
Baureihe 410 110
Baureihe 411/415 112
Baureihe 420/421 114
Baureihe 423 ff. 116
Baureihe 445 117
Baureihe 450 118

Baureihe 470 120
Baureihe 471 122
Baureihe 472 124
Baureihe 474 126
Baureihe 476 128
Baureihe 477 129
Baureihe 479.2 130
Baureihe 480 132
Baureihe 481 134
Baureihe 485 136

Triebfahrzeugart 6: Brennkrafttriebwagen

Baureihe 610 138
Baureihe 611 140
Baureihe 612 141
Baureihe 614 142
Baureihe 624 144
Baureihe 627.0 ff. 145
Baureihe 628.0 ff. 147
Baureihe 629 151
Baureihe 634 152
Baureihe 640 153
Baureihe 641 154
Baureihe 642 155
Baureihe 643 156
Baureihe 644 157
Baureihe 670 158
Baureihe 690 160
Baureihe 691 161

Triebfahrzeugart 7: Schienenomnibusse und Bahndienstfahrzeuge

Baureihe 701/702 162
Baureihe 703 163
Baureihe 704 164
Baureihe 705 165
Baureihe 706 166
Baureihe 708 167
Baureihe 709 168
Baureihe 711 169
Baureihe 712 170
Baureihe 714 171
Baureihe 716 172
Baureihe 719 173
Baureihe 724 175
Baureihe 725 176
Baureihe 727 177
Baureihe 728 178
Baureihe 740 179
Baureihe 750-755 180
Baureihe 771 182
Baureihe 772 184
Baureihe 798 186

Anhang

Triebfahrzeug-Nummernplan 188
Bildnachweis 191

Zeichenerklärung

Die Zahnräder leiten die Beschreibung des **mechanischen Teils** ein

Blitz und Isolator kennzeichnen die Beschreibung des **elektrischen Teils**

Der Kolben steht für die **Antriebsanlage** der Dieseltriebfahrzeuge

Der Befehlsstab signalisiert Hinweise auf den **Fahrzeugeinsatz**

101

Vierachsige Universallokomotive

Die ab 1996 beschaffte Baureihe 101 wird zunächst im Fernreiseverkehr der DB eingesetzt. Später soll sie im schweren und schnellen Güterverkehr verwendet werden

Da die BR 103 durch die hohe Dauerbelastung abgewirtschaftet ist, mußte die Entwicklung einer Nachfolgebaureihe vorangetrieben werden. Von 1996 bis 1998 werden die 145 bestellten Lokomotiven mit den Betriebsnummern 101 001 – 145 bei Adtranz gebaut und an die DB übergeben.

Der Lokkasten der BR 101 ist in konventioneller Stahlbauweise mit U-förmigem Rahmen, einem Kastengerippe mit aufgeschweißten Blechen und den drei abnehmbaren Dachteilen zusammengesetzt. Letztere umfassen auch die Lüftergitter in der Dachschräge. Sie ermöglichen den einfachen Ein- und Ausbau der in Gerüsten angeordneten Elektrogeräte im Maschinenraum. Die zweiachsigen Drehgestelle sind eine Weiterentwicklung aus dem ICE. Sie werden nicht in Drehzapfen, sondern in tiefliegenden Zug-Druck-Stangen geführt und besitzen nur eine geringe ungefederte Masse, wodurch die Gleise geschont werden. Der Drehstrom-Asynchron-Motor jeder Achse ist mit dem Getriebe

Seit dem Frühjahr 1997 setzt die DB die Baureihe 101 im Plandienst ein

Anders als die verkehrsroten Serien-Maschinen erhielten die im Sommer 1996 fertiggestellten Vorauslokomotiven 101 001 – 003 einen orientroten Anstrich

als kompakte Baueinheit verbunden und bildet so den „integrierten Gesamtantrieb". Während die ersten drei Lokomotiven noch den orientroten Anstrich erhielten, sind alle weiteren in Verkehrsrot lackiert. Schürzen und Dachschräge heben sich in Hellgrau ab, an der Front ist ein weißer Warnbalken angebracht.

Zwei Einholmstromabnehmer vom Typ Dornier DSA 350 SEK, ein Vakuum-Hauptschalter und der mit einem biologisch abbaubaren Polyol-Ester gekühlte Haupttransformator gehören zur elektrischen Ausrüstung. Die Fahr- und Bremssteuerung geschieht durch ein Leitsystem MICAS S mit einem 16-Bit-Rechner. Das Diagnosesystem DAVID für die Werkstatt ist daran angeschlossen. Zur weiteren Ausrüstung der Lokomotive zählen Mehrfach- und Wendezugsteuerung sowie die Linienzugbeeinflussung.

Die BR 101 wird vom Betriebshof Hamburg-Eidelstedt aus im hochwertigen Reisezugverkehr eingesetzt. Mit der kompletten Umstellung des Fernreiseverkehrs auf Triebzüge nach der Jahrtausendwende soll die Baureihe 101 an den Geschäftsbereich Cargo abgegeben werden.

Technische Daten

Achsformel	Bo'Bo'
Länge über Puffer	18950 mm
Dienstmasse	86,9 t
Antriebsart	gefederte Antriebseinheit
Stundenleistung	6400 kW
Anfahrzugkraft	300 kN
Höchstgeschwindigkeit	220 km/h

Sechsachsige Schnellzuglokomotive

Für TEE- und IC-Dienste benötigte die DB eine leistungsfähige Lokomotive für Geschwindigkeiten bis 200 km/h. Die BR 103 war jahrzehntelang das Paradepferd der Bahn

Nach vier Vorauslokomotiven im Jahre 1965 erhielt die DB von 1970 bis 1974 die Serienausführung der BR 103. 145 Loks mit den Nummern 103 101 – 245 wurden für den TEE- und IC-Dienst bei Geschwindigkeiten bis zu 200 km/h bei Krauss-Maffei, Henschel und Krupp beschafft. Die elektrische Ausrüstung aller Loks besorgte SSW.

Der Lokrahmen besteht aus dem alleintragenden Brückenträger und außenliegenden Längsträgern. Darauf sitzt der fünfteilige Lokkasten, der mit dem Rahmen verschraubt wird. Die drei Maschinenraumhauben sind abnehmbar; sie tragen die charakteristischen zehn Lüftergitter pro Seite. Die recht engen Führerstände wurden bei der letzten Bauserie ab 103 216 vergrößert und mit einer Klimaanlage ausgestattet. Über vier Flexicoil-Schraubenfedern stützt sich der Lokkasten auf die beiden dreiachsigen Drehgestelle ab. Bei diesen ist die mittlere Achse seitenverschiebbar ausgeführt. Die Drehgestelle sind ohne Drehzapfen ausgeführt und werden stattdessen über lokmittig angeordnete Zug- und Druckstangen in Tiefanlenkung geführt. Als Antrieb dient ein SSW-Gummiring-Kardan-Hohlwellenantrieb. Alle Loks wurden im klassischen rot/beigen TEE-Anstrich geliefert, der seit Mitte der achtziger Jahre durch den orientroten Einheitslack mit dem weißen Kontrastfeld an den Fronten ersetzt wird. 103 220 trägt für Touristik-Züge einen besonders bunten Anstrich in Blau, Gelb und Grün.

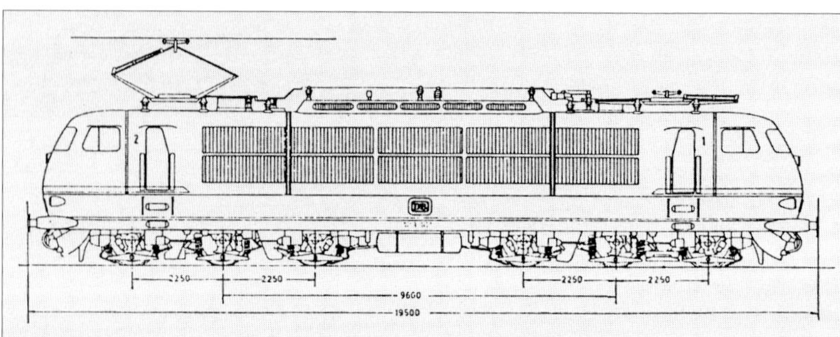

Für gut zwei Jahrzehnte bestimmten die formschönen Lokomotiven der Baureihe 103 das Bild der Deutschen Bundesbahn

Die Loks der BR 103 sind mit zwei Einholmstromabnehmern vom Typ SBS 65 ausgerüstet. Der Haupttrafo leistet 6250 kVA. Die Steuerung der sechs zwölfpoligen Wechselstrom-Reihenschlußmotoren erfolgt über ein motorisch betriebenes 39-stufiges Hochspannungsschaltwerk mit Thyristor-Lastschalter. Wegen der eingebauten fahrdrahtunanhängigen Gleichstrom-Widerstandsbremse mußte der elektrische Aufbau der Lok möglichst leicht sein, um die geforderte Achslast von 18 t zu halten. Zur weiteren technischen Ausstattung zählen neben Sifa und Indusi die Linienzugbeeinflussung und eine halbautomatische Geschwindigkeitsregelung. Nachgerüstet wurden die Lokomotiven außerdem mit einer Notbremsüberbrückung für den Einsatz auf Neubaustrecken und der verbesserten LZB 80.

Die starke Beanspruchung der Baureihe 103 mit schweren Zügen im hohen Geschwindigkeitsbereich hat zu einem übermäßigen Verschleiß geführt. Die Lokomotiven werden daher sukzessive durch die BR 101 ersetzt und ausgemustert. Bis dahin werden sie weiter im IC- und IR-Dienst in ganz Deutschland eingesetzt.

Technische Daten

Achsformel	Co'Co'
Länge über Puffer	19500* mm
Dienstmasse	114 t
Antriebsart	Gummiringfeder-Kardan
Stundenleistung	7500 kW
Anfahrzugkraft	312 kN
Höchstgeschwindigkeit	200 km/h

*103 173 und 216-245: 20200 mm

Vierachsige Schnellzuglokomotive

Die klassische Schnellzuglok der sechziger und siebziger Jahre ist die BR 110 gewesen. Nach gut vierzig Jahren werden heute Regionalzüge mit dieser Baureihe bespannt

Nach fünf unterschiedlichen Probelokomotiven, die 1952 und 1953 von Henschel und Krupp gebaut worden waren, begann 1956 die Serienauslieferung der Baureihe 110, von der bis 1968 379 Exemplare geliefert wurden. Sie erhielten die Betriebsnummern 110 101 – 264, 271 – 307, 313 – 484 und 505 – 510. Die verbliebenen Betriebsnummern wurden durch die Rheingold-Lokomotiven E 10.12, die späteren 112 bzw. 113/114 belegt. Die 110 485 – 504 entstanden duch Angleichung der 114 an die Serienloks. Eine weitere 110 entstand durch den Umbau der 139 134; diese Lok mußte die verunglückte 110 477 ersetzen und erhielt die Nummer 110 511.
Die Hersteller der Lokomotiven waren Krauss-Maffei, Krupp und Henschel für den mechanischen, sowie SSW, AEG und BBC für den elektrischen Teil.

Die Baureihe 110 wurde mit zwei verschiedenen Lokkästen geliefert. Bis zur 110 287 erhielten die Loks das klassische Einheitslokdesign mit einem Kasten, den auch die BR 140 besitzt. Ab der 110 288 wurde die Front strömungsgünstiger gestaltet, ein durchgehendes Lüfterband an den Seitenwänden vermittelte mehr Eleganz. Diesen, oft „Bügelfalten"-Lokkasten genannten Aufbau, erhielten zunächst die Rheingold-Loks der späteren Baureihen 113 und 114. Nach Unfallausbesserungen sind auch die 110 107 und 110 271 mit „Bügelfalten-Lokkästen" ausgestattet worden. In ihrer vollkommmen geschweißten Ausführung entsprechen die Hauptkomponenten – der Rahmen, der Lokkasten, und die beiden zweiachsigen Drehgestelle – den damaligen Vorgaben für Neubaufahrzeuge der DB. Der Lokrahmen ist dabei als Brückenrahmen ausgeführt, das Kastengerippe mit aufgeschweißten Bekleidungsblechen versehen. Der Aufbau stützt sich über Schraubenfedern und Gummielemente auf den Drehgestellen ab. Er erfuhr nicht nur während der Bauzeit gestalterische Änderungen, sondern wurde auch später modernisiert.
Durch kleine Handgriffe ersetzte Griffstangen, neue, eckige Lüftergitter der Bauart Klatte, wegfallende umlaufende Regenrinnen und dafür neue Gummileisten, und bei den „Bügelfalten"-Loks wegfallende Schürzen und Pufferverkleidungen sowie eingebaute Maschinenraumfenster, veränderten das Erscheinungsbild deutlich. Bei den ersten Serien waren zudem größere Stirnlampen eingebaut, wäh-

Die 110 295 gehört zu den Maschinen mit dem sogenannten „Bügelfalten"-Lokkasten. Bei dieser Ausführung entfiel das Maschinenraum-Seitenfenster

rend ab der 110 216 getrennte Lampen für Fahr- und Rücklicht verwendet wurden. Bei Unfallausbesserungen sind teilweise auch die älteren Loks mit diesen Lampen nachgerüstet worden – manchmal sogar nur auf einer Seite. Die Lokomotiven sind in verschiedenen Farbschemata der DB lackiert. Die meisten tragen die ozeanblau und beige Farbgebung, viele mittlerweile den orientroten Lack. Nur wenige sind noch im klassischen Blau lackiert. Zu ihnen zählen die als Museumsloks vorgesehenen 110 121, 228 und 348, die auch noch über das silbergraue Dach und die umlaufende Regenrinne verfügen und sich damit weitgehend im Ablieferungszustand befinden. Einige der ehemaligen Rheingold-Loks, die nun als 110 485 – 504 eingereiht sind, fahren schließlich noch im rot/beigen TEE-Anstrich.

Die Lokomotiven der BR 110 verfügen über zwei Scherenstromabnehmer der Bauart DBS 54 mit Doppelschleifstücken. Der Haupttransformator ist fremdbelüftet und ölgekühlt. Eine 28stufige Hochspannungs-Nachlaufsteuerung dient der Steuerung der vier 14poligen Wechselstrom-Reihenschlußmotoren vom Typ WB 372. Als Antrieb wurde der bewährte Siemens-Gummiringfeder-Antrieb verwendet. Ab der 110 399 ist ein SSW-Hochspannungs-Schaltwerk mit Rundwähler und Thyristor-Lastschalter eingebaut. Eine fremderregte elektrische Gleichstrom-Widerstandsbremse sowie die zum Standard zählenden Sicherheitseinrichtungen Sifa, Indusi und Zugbahnfunk vervollständigen die Ausstattung aller Loks. 1997 hat die Deutsche Bahn begonnen, mehrere Maschinen mit einer Wendezug-

Die meisten Lokomotiven sind noch ozeanblau/beige lackiert. Dieses klassische Erscheinungsbild repräsentiert auch die 110 441

Die blaue 110 173 mit den Stirnlampen verkörpert die Ursprungsausführung

Orientrot mit weißem „Lätzchen" und dunklem Lüfterband war die Einheitsfarbgebung der DB von 1986 bis 1996. – Die 110 233 zeigt dieses Bild

steuerung zu versehen, um sie im Nahverkehr effektiver einsetzen zu können. Grund für diese Maßnahme ist auch, daß die wendezugfähigen Lokomotiven der Baureihe 140 dem Geschäftsbereich Cargo zugeschlagen wurden und dem Geschäftsbereich Nahverkehr somit fehlen. Die angepaßten Lokomotiven der BR 110 sollen die Lücken füllen.

Bislang ist der Bestand der Baureihe 110 nur durch unfallbedingte Abgänge dezimiert worden. Die 110 104, 313, 390, 433 und 477 wurden bei Kollisionen so schwer beschädigt, daß eine Aufarbeitung wirtschaftlich nicht mehr in Frage kam. Die Maschinen werden nach der Herabsetzung der zulässigen Höchstgeschwindigkeit auf 140 km/h wegen verschlissener Fahrwerke vorzugsweise vor RegionalExpress-Zügen eingesetzt, während Leistungen im Fernverkehr sich fast ausschließlich auf langsamere Nachtzüge oder Autoreisezüge beschränken. Die Zuordnung der Baureihe zum Geschäftsbereich Nahverkehr wird die letztgenannten Leistungen in Kürze unmöglich machen. Dennoch wird auf die BR 110 noch einige Jahre lang nicht verzichtet werden können.

Technische Daten

Achsformel	Bo'Bo'
Länge über Puffer	16490 mm
Dienstmasse	84,6 t
Antriebsart	Gummiringfeder
Stundenleistung	3700 kW
Anfahrzugkraft	275 kN
Höchstgeschwindigkeit	140 km/h

111

Vierachsige Schnellzuglokomotive

Die BR 111 diente zunächst als Nachfolgereihe für die 110, wurde dann zum Ersatz der Altbauelloks beschafft, fand Funktion im S-Bahn-Dienst und ist bei der DB unverzichtbar

Bedarf an vierachsigen Schnellzugloks bestand bei der DB auch Anfang der siebziger Jahre noch. Da ein Weiterbau der BR 110 aufgrund der veralteten Konstruktion ausschied, wurde das Konzept weiterentwickelt und eine neue Maschine konstruiert. 1974 wurde sie erstmals ausgeliefert. Bis 1984 entstanden 227 Loks mit den Betriebsnummern 111 001 – 227. Gebaut wurden sie zu gleichen Teilen von Krauss-Maffei, Henschel und Krupp im mechanischen, sowie von Siemens, AEG und BBC im elektrischen Teil.

Hauptrahmen und Lokkasten der BR 111 bilden eine selbsttragende Konstruktion. Für Wartungszwecke sind drei Dachsegmente abnehmbar. Die Führerhäuser wurden nach ergonomischen und arbeitsrechtlichen Gesichtspunkten ausgestattet, Schall- und Wärmeisolierung und Fußbodenheizung zählen dazu. Flexicoil-Schraubenfedern dienen der Abstützung des Lokkastens auf die beiden zweiachsigen Drehgestelle. Der mittlere Drehgestellquerträger nimmt das Gummiring-Drehzapfenlager auf. Die SSW-

Die 111 180 und 111 184 mit Einholm-Stromabnehmern im S-Bahn-Anstrich

Die 111 027 aus der ersten Bauserie besitzt Scherenstromabnehmer und runde Pufferteller. Sie ist orientrot lackiert

Gummiringfederantriebe der BR 111 sind baugleich mit denen der zuvor gebauten BR 110. Von Anfang an erfolgte die Lackierung der Loks in blau/beige. 111 111 – 188 wurden für den S-Bahn-Verkehr in Kieselgrau mit oranger Bauchbinde abgeliefert.

Die elektrische Ausrüstung entspricht weitgehend der BR 110. Die älteren 111er besitzen Scherenstromabnehmer, die neueren sind mit Einholmstromabnehmern SBS 65 ausgestattet. Die Steuerung der Fahrmotorspannung erfolgt über ein 28-stufiges Hochspannungs-Schaltwerk mit Thyristor-Lastschaltern. Die vier Motoren sind – wie in der BR 110 – vom Typ WB 372. In alle Loks ist eine Vielfachsteuerung für den Wendezug- und Doppeltraktionsbetrieb eingebaut. Die S-Bahn-Loks sind außerdem mit zeitmultiplexer Wendezugsteuerung, Türschließeinrichtung und beleuchteten Zielanzeigern in den Stirnfenstern ausgestattet.

Nach einem Unfall schied 1982 die 111 109 aus. Die Loks der Reihe 111 werden überwiegend in Westdeutschland vor allem vor Regionalzügen, oft mit Doppelstock-Wendezügen, und InterRegios eingesetzt.

Technische Daten

Achsformel	Bo'Bo'
Länge über Puffer	16750 mm
Dienstmasse	83 t
Antriebsart	Gummiringfeder
Stundenleistung	3620 kW
Anfahrzugkraft	274 kN
Höchstgeschwindigkeit	160 km/h

112

Vierachsige Schnellzuglokomotive

Neben der BR 143 entstand bei der DR nach 1989 Bedarf an schnellen Personenzuglokomotiven. Daraufhin entstand die geringfügig modifizierte Schnellzuglok-Baureihe 112

1990 lieferte LEW die vier Prototypen 112 002-005. Es folgte 1991 eine erste Serie von 35 Maschinen (112 006 – 040). Die zweite, 90 Loks umfassende Lieferung war die erste Gemeinschaftsbeschaffung von DB und DR. Sie wurden als 112 101 – 190 in den Bestand eingereiht und von 1992 bis 1994 in Dienst gestellt.

Lokkasten und Konstruktion der BR 112 entsprechen der BR 143 weitestgehend. Abwandlungen gibt es bei der Bauart der Lüftergitter. Der geschweißte Brückenrahmen trägt die gesickten Seitenwände und die Führerhäuser. Über dem Maschinenraum sind vier abnehmbare Dachhauben vorhanden. Brückenträger und Kastenaufbau stützen sich über sechs Flexicoil-Schraubenfedern auf jedes Drehgestell ab. Die Schwingungsdämpfung besorgen vier Hydraulik-Stoßdämpfer. Die geschweißten Drehgestellrahmen tragen an den nach unten gekröpften Stirnquerträgern Schienenräumer. An den

Die Reihe 112.1 wurde je zur Hälfte von der DB und der DR beschafft

Die Loks der ersten Bauserie sind erkennbar durch die großen Doppellampen

mittleren Querträgern, die auch der Drehzapfenaufnahme dienen, sind die Tatzlagermotoren aufgehängt. Die Bauserie 112 101 – 190 besitzt als Unterscheidungsmerkmal kleine Einheitsstirnlampen anstelle der großen und getrennt angeordneten DR-Scheinwerfer. Der Anstrich der Loks erfolgte in Orientrot, wobei die Vorserienloks eine andere Anordnung der Kontrastfelder und eine andere Farbgebung des Rahmens besaßen. Bei Ausbesserungen werden die Loks in Verkehrsrot umlackiert.

Die BR 112 besitzt zwei Einholmstromabnehmer, einen fremdbelüfteten Haupttransformator und ein Hochspannungs-Stufenschaltwerk. Mittels einem Thyristorschalter können die Fahrstufen beinahe stufenlos und ruckfrei überschaltet werden. Die vier Fahrmotoren sind zwölfpolige Wechselstrom-Reihenschlußmotoren mit einem Hohlwellenantrieb mit Gummiringkegelfeder. Gegenüber der BR 143 wurde das Getriebe für die höhere Endgeschwindigkeit angepaßt.

Die BR 112 ist im Betriebshof Berlin Hauptbahnhof beheimatet und wird von hier aus im Fernverkehr eingesetzt. Ihre Hauptaufgabe liegt in der Bespannung von InterRegios und anderen Reisezügen im gesamten Bundesgebiet.

Technische Daten

Achsformel	Bo'Bo'
Länge über Puffer	16640 mm
Dienstmasse	82,5 t
Antriebsart	Kegelringfeder
Stundenleistung	4220 kW
Anfahrzugkraft	248 kN
Höchstgeschwindigkeit	160 km/h

Vierachsige Schnellzuglokomotive

Für den TEE-Verkehr zweigte die DB in den sechziger Jahren Maschinen der Reihe E 10 (110) ab und paßte sie den besonderen Einsatzbedingungen an

Für den Ausbau des TEE-Netzes und dessen Paradezug „Rheingold" benötigte die DB in den sechziger Jahren Lokomotiven, die Geschwindigkeiten von 160 km/h erreichen konnten. Anstelle einer Neukonstruktion wurden 1962 sechs Loks aus der laufenden E 10-Lieferung mit einer geänderten Getriebeübersetzung und anderen Drehgestellen versehen und als E 10.12 bezeichnet. Fünf weitere Loks folgten 1963/64, 20 weitere – nun mit herkömmlichen E 10-Drehgestellen – wurden 1968 beschafft. Sie erhielten die Nummern 112 265 – 270, 308 – 312 und 485 – 504. Krauss-Maffei und Henschel lieferten den mechanischen, SSW den elektrischen Teil. Ende der achtziger Jahre wurde die letzte Serie 112 485 – 504 als BR 114, später, nun der BR 110 angeglichen, als 110 485 – 504 bezeichnet. Die verbliebenen 11 Loks wurden in die BR 113 umgezeichnet, um im Nummernschema Platz für die BR 212 der DR zumachen, die ab 1992 als Baureihe 112 geführt wurde.

Die 113 311 gehört zum offiziellen Museumslokbestand der DB

Äußerlich unterscheidet sich die Baureihe 113 von der 110.3 nur durch die anderen Drehgestelle. Die 113 310 gehört zu den orientroten Maschinen

Fahrzeugkasten, Brückenrahmen und Drehgestelle sind in vollkommmen geschweißter Bauart erstellt. Die Frontgestaltung der Loks brachte ihnen den Namen „Bügelfalten-Lok" ein. Während ihrer Einsatzzeit wurden die selben Änderungen wie bei der BR 110 durchgeführt. Der zuvor erfolgreich erprobte Gummiringfederantrieb kam zur Anwendung. Das erste Farbschema in Blau/Creme ist schon früh dem rot/beigen TEE-Anstrich gewichen, der mittlerweile bei den meisten Loks durch den orientroten Lack ersetzt wurde.

Die elektrische Ausrüstung entspricht ebenfalls der BR 110. Die Konstruktion der zwei Scherenstromabnehmer, des fremdbelüfteten, ölgekühlten Haupttransformators und der 28-stufigen Hochspannungssteuerung für die Fahrmotoren brauchten nicht geändert werden. Gebremst wird neben der Druckluftbremse auch mit einer fremderregten Gleichstrom-Widerstandsbremse.

Die elf Lokomotiven der Baureihe 113 werden von München aus im Regionalverkehr und vor InterRegio-Zügen eingesetzt. Einige IC-Züge werden ebenfalls bespannt.

Technische Daten

Achsformel	Bo'Bo'
Länge über Puffer	16490 mm
Dienstmasse	86 t
Antriebsart	Gummiringfeder
Stundenleistung	3700 kW
Anfahrzugkraft	275 kN
Höchstgeschwindigkeit	160 km/h

120

Vierachsige Universallokomotive

Die BR 120 stellt mit ihren Drehstrom-Asynchronmotoren eine technisch hochentwickelte Universallokomotive für den schnellen Personen- und Güterverkehr dar

1976 schrieb die Deutsche Bundesbahn eine vierachsige Universallokomotive aus, was 1979 und 1980 zur Beschaffung von zunächst fünf Vorserienloks mit den Nummern 120 001 – 005 führte. 60 Serienloks mit den Nummern 120 101 – 160 folgten von 1987 bis 1989. Sie wurden zu gleichen Teilen von Henschel, Krauss-Maffei und Krupp im mechanischen, sowie AEG, BBC und SSW im elektrischen Teil gebaut. Mit ihnen konnten die letzten Vorkriegselloks der DB ersetzt werden. Die Vorserienmaschinen dienen seit der Ablieferung der Serienlokomotiven unter der Baureihenbezeichnung 752 zeitweise als Erprobungsträger für neuartige Technologien.

Moderner Leichtbau kennzeichnet die BR 120, deren Hauptrahmen und Lokomotivkasten eine selbsttragende, miteinander verschweißte Konstruktion bilden. Die beiden zweiachsigen Drehgestelle sind in leichter Ausführung erstellt; bei einigen Bauteilen kam Leichtmetall zum Einsatz. Die Vorserienloks wurden in rot/

Mit der Baureihe 120 begann der Siegeszug der Drehstrom-Antriebstechnik

Der größere Teil der Baureihe 120 besitzt an der Stirnseite zwischen Fenster und Kontrastfläche einen roten Streifen. Auch die 120 125 gehört dazu

beiger Farbgebung geliefert, die anläßlich von Untersuchungen durch den orientroten Anstrich ersetzt wurde. Diesen tragen die 60 Serienloks von Beginn an. Auch die BR 120 wird in das neueste Farbschema einbezogen und demnächst verkehrsrot lackiert.

Die BR 120 ist mit zwei Einholm-Stromabnehmern des Typs SBS 80 aus Aluminium ausgerüstet. Über den Haupttransformator und zwei gemeinsam gesteuerte Traktionsstromrichter werden die vier vierpoligen Drehstrom-Asynchronmotoren gespeist. In der Reihe 120 wurden derartige Motoren weltweit zum ersten Mal in eine Vollbahnlokomotive eingebaut. Ihre Drehzahl wird digital gemessen und ihre Spannung über eine Zug- und Bremskraftsteuerung geregelt. LZB, automatische Fahr- und Bremssteuerung (AFB), zeitmultiplexe Doppeltraktionssteuerung (ZDS) für Doppeltraktion und Wendezugbetrieb sowie eine Notbremsüberbrückung vervollständigen die Ausrüstung der BR 120.

Die BR 120 befördert neben IC- und IR-Zügen, vor allem in den Nachtstunden, schwere Güterzüge.

Technische Daten

Achsformel	Bo'Bo'
Länge über Puffer	19200 mm
Dienstmasse	83,2 t
Antriebsart	Gelenk-Kardan
Stundenleistung	5600 kW
Anfahrzugkraft	340* kN
Höchstgeschwindigkeit	200 km/h

* ab 120 137: 290 kN

Vierachsige Universallokomotive

Als Nachfolgereihe für die BR 120 entwickelten Siemens und Krauss-Maffei auf eigene Rechnung einen Prototypen, der als Baureihe 127 von der DB eingesetzt wurde

Siemens und Krauss-Maffei bezeichneten die Lokomotive als „EuroSprinter ES 01". Sie wurde 1993 fertiggestellt und bei der DB ausgiebigen Testfahrten vor Meßzügen und im planmäßigen Verkehr unterzogen. Der Name EuroSprinter bürgerte sich für die 127 001 ein, deren Konstruktion zu mehreren Bestellungen ausländischer Bahnverwaltungen führte. Spanien und Portugal waren die bislang größten Abnehmer für die Lokomotive.

Der Lokkasten ist eine selbsttragende geschweißte Einheit. Er stützt sich über Schraubenfedern und Schwingungsdämpfer auf den beiden zweiachsigen Drehgestellen ab. Die Führerhäuser sind klimatisiert, schallgedämmt und druckgeschützt. Die Frontscheiben wurden bündig eingesetzt. Die Lüfter wurden in die Dachschräge gelegt, wodurch die seitenwände völlig glatt sind. Vier Dachsegmente sind zum Ausbau von Bauteilen im Maschinenraum abnehmbar. Das gegenüber der BR 120 weiterentwickelte Laufwerk besitzt eine Einzelachssteuerung. Krauss-Maffei hat die Lokomotive in Silber mit roten Führerstandspartien und schwarzem Rahmen lackiert.

Von Siemens und Krauss-Maffei als Erprobungsträger und Demonstrationslok auf eigene Rechnung gebaut, stellte die DB die Lok als 127 001 ein

In der 127 001 wurden zahlreiche Komponenten moderner Vollbahn-Lokomotiven, darunter für die Baureihe 152, erprobt

Die Lokomotive verfügt über zwei Einholmstromabnehmer und eine für das deutsche 15 kV, 16 2/3 Hz-System eingerichtete Elektrik. Sie kann problemlos auch für andere Spannungen ausgerüstet werden. Technisch berücksichtigt ist die zusätzliche Ausstattung mit 3000 V Gleichstrom und damit die Aufrüstung zur Zweisystem-Lokomotive. Die Leistungselektronik für den Drehstrombetrieb ist in GTO-Technik ausgeführt, die entsprechenden GTO-Thyristor-Stromrichter sind in Modulbauweise konzipiert und wassergekühlt. Steuerung und Regelung laufen über das Mikrocomputersystem SIBAS von Siemens. Jeder Antriebsmotor wird einzeln geregelt, was auch einen individuellen Gleit- und Schleuderschutz ermöglicht. Neben der üblichen Druckluft-Bremse ist eine generatorische Bremse mit Netzrückspeisung vorhanden.

Die 127 001 war bei der DB von München aus zeitweise im Regelbetrieb eingesetzt, um die Eignung im Dauerbetrieb zu überprüfen. Mittlerweile wird sie vornehmlich vom Hersteller zur Komponentenerprobung eingesetzt. Loks ähnlicher Bauart wurden und werden auch exportiert.

Technische Daten

Achsformel	Bo'Bo'
Länge über Puffer	19580 mm
Dienstmasse	86 t
Antriebsart	Gummigelenk-Kardan
Stundenleistung	6400 kW
Anfahrzugkraft	300 kN
Höchstgeschwindigkeit	230 km/h

Vierachsige Universallokomotive

Neben den Firmen Krauss-Maffei und Siemens stellte auch AEG Schienenfahrzeuge eine Baumusterlokomotive vor, um sie der DB für Probeeinsätze zu überlassen

Im Jahre 1994 stellte die AEG Schienenfahrzeuge mit der „12X" seine Antwort auf die Baumusterlok von Krauss-Maffei und Siemens der Öffentlichkeit vor. Sie wurde nach diversen Testfahrten als Leihlokomotive in den Fahrzeugbestand der Deutschen Bahn eingereiht und als 128 001 bezeichnet.

Der Fahrzeugkasten ist eine Stahlleichtbaukonstuktion mit aufgesetzten druckdichten Führerhäusern aus Faserverbundwerkstoff. Für die Dachhauben und die Seitenschürzen zwischen den Drehgestellen sind Kunststoffe und Verbundwerkstoffe verwendet worden. Die Führerstandsfenster sind bündig eingesetzt, die Lüftungsgitter für den Maschinenraum in die Dachschräge gelegt worden. Die beiden zweiachsigen Drehgestelle haben einen mit 2,60 m vergleichsweise geringen Achsstand, was die Kräfte und Beanspruchungen sowie den Verschleiß bei Bogenfahrt günstig beeinflußt. AEG hat die Lokomotive in Weiß lackiert; Teile der Frontpartien sowie ein seitlicher Zierstreifen sind rot abgesetzt, das Lüfterfeld hellgrau.

Viele Komponenten der BR 128 wurden zuvor in der 120 002 erprobt: der Antriebsstromrichter mit Brauchwasserkühlung, das 32-bit-Rechnersystem GEATRAC II für Leittechnik und Antriebssteuerung und der Hochleistungsantrieb GEALAIF mit integriertem Fahrmotor. Bei diesem ist der Drehstrom-Asynchronmotor mit dem Getriebe zu einer kompakten Einheit verbunden und zur Schonung der Drehgestelle speziell

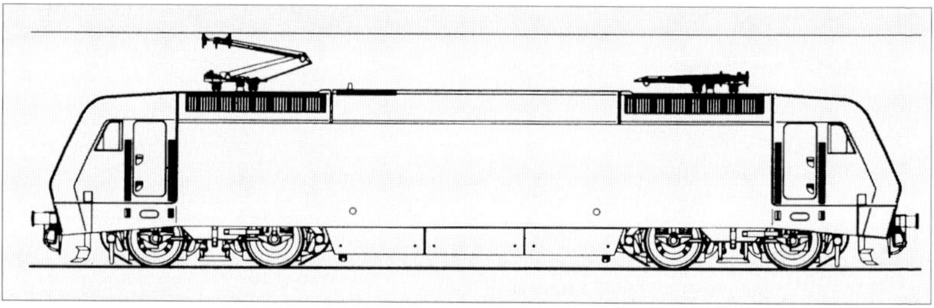

Vorübergehend stellte AEG die Lokomotive 128 001 als Werbeträger für das Kinderhilfswerk UNICEF zur Verfügung

gelagert. Die BR 128 001 verfügt über zwei Einholm-Stromabnehmer, einen wassergekühlten Antriebsstromrichtor, welcher sich auch für Mehrsystem-Anwendungen eignet, sowie zwei Traktionsstromrichter, die jeweils einem Drehgestell zugeordnet sind. Die Fahrzeugsteuerung beinhaltet ein Fehlerdiagnosesystem, wie es ähnlich auch im ICE Verwendung findet. Es leitet Informationen an den Lokführer und an das Wartungspersonal. Sie werden neben den Betriebsdaten auf zwei im Führerstand angeordneten Farbdisplays angezeigt. Bei der gesamten Konstruktion der Lokomotive hat der Hersteller AEG großen Wert auf die Verwendung umweltverträglicher und recyclebarer Stoffe gelegt. Zahlreiche innovative Bauteile der 128 001 fanden bislang keine Verwendung in Serienloks der DB.

Die Lok wird im Betriebshof Berlin Hbf als Leihlokomotive geführt und vornehmlich von Adtranz als Versuchsfahrzeug für die Komponenten-Erprobung künftiger Ellok-Generationen genutzt.

Technische Daten

Achsformel	Bo'Bo'
Länge über Puffer	19500 mm
Dienstmasse	84 t
Antriebsart	GEALAIF
Stundenleistung	6400 kW
Anfahrzugkraft	300 kN
Höchstgeschwindigkeit	220 km/h

139 Vierachsige Mehrzwecklokomotive

31 Lokomotiven der Baureihe 140 wurden während des Baus mit einer zusätzlichen elektrischen Bremse versehen und als Baureihe 139 bezeichnet

Die 31 Loks der BR 139 wurden aus der laufenden 140er Lieferung herausgenommen und als 139 131 – 137, 163 – 166, 309 – 316 und 552 – 563 bezeichnet. Durch Umbauten aus der BR 110 kamen Anfang der neunziger Jahre weitere Loks hinzu: 139 122, 139, 145, 157, 172, 177, 213, 214, 222, 246, 250, 255, 260, 262, 264, 283, 285 und 287. Im Gegenzug war schon früher die 139 134 in die 110 511 umgebaut worden.

In ihrem Aussehen und dem größten Teil der Technik entsprechen die BR 139 der BR 140, sie weisen jedoch eine fremderregte, thyristorgesteuerte elektrische Widerstandsbremse auf, mit der sie für Einsätze auf Steilstrecken besonders prädestiniert sind. Da die BR 110 diese Bremse gleichfalls besitzt, gestaltete sich der Umbau von 110 auf 139 einfach: Maschinen der BR 140 wurden verschrottet, gaben ihre Drehgestelle aber für Loks der Reihe 110. Diese wurden in 139 umgezeichnet. Die freigewordenen Drehgestelle der BR 110 wiederum wurden für die Ertüchtigung der ehemaligen Rheingold-Loks 114 485-504 benutzt. Deren beschädigte Drehgestelle wurden verschrottet.

Die Lüftergitter der 139 164 sind – wie bei vielen anderen Loks – dunkel lackiert

Die 139 309 erhielt eine Wendezugsteuerung, weshalb sie im Personennahverkehr eingesetzt werden kann. Ihre Lüftergitter sind hell lackiert

Die Reihe 139 kann heute in Ozeanblau/beige und Orientrot angetroffen werden. Die 139 552 wurde im Spätommer 1997 nach einer Untersuchung als erste Einheitsellok der DB im neuen verkehrsroten Design mit weißem Frontbalken und großer Seitenaufschrift „DB Cargo" versehen.

Die fahrdrahtunabhängige elektrische Gefällebremse der Baureihe 139 ist mit der selbsttätigen Druckluftbremse verbunden. Zusätzliche Bremswiderstandslüfter sind in die Dachhaube integriert. Die Lokomotiven 139 131, 135 – 137 und 309 – 316 besitzen für den Wendezugverkehr eine nachträglich eingebaute Wendezugsteuerung, während eine Vielfachsteuerung bei dieser Baureihe nicht und bei der Baureihe 140 nur teilweise vorhanden ist.

Alle Maschinen dieser Baureihe sind im Betriebshof München West stationiert, von wo aus sie im Personen- und Güterzugdienst eingesetzt werden.

Die mit einer Wendezugsteuerung versehenen Maschinen werden vor allem im Nahverkehr auf den Zweigstrecken Tutzing – Kochel, Traunstein – Ruhpolding und Freilassing – Berchtesgarden eingesetzt.

Technische Daten

Achsformel	Bo'Bo'
Länge über Puffer	16490 mm
Dienstmasse	84,6 t
Art des Antriebs	Gummiringfeder
Stundenleistung	3700 kW
Anfahrzugkraft	275 kN
Höchstgeschwindigkeit	110 km/h

Vierachsige Mehrzwecklokomotive

Mit der BR 140 hat die DB in den fünfziger Jahren eine universell einsetzbare Ellok für mittelschwere Züge geschaffen, die bis heute unverzichtbar ist

Am Bau der 848 Lokomotiven waren alle damals im Lokbau tätigen Firmen beteiligt: Krauss-Maffei, Krupp und Henschel für den mechanischen, BBC, SSW und AEG für den elektrischen Teil. Die Auslieferung erstreckte sich über einen Zeitraum von 17 Jahren, von 1956-1973.

Die Loks besitzen einen vollkommen geschweißten Lokomotivkasten, der mit dem Brückenrahmen ebenfalls verschweißt ist. Er entspricht der ersten Bauausführung des Kastens der eng verwandten BR 110. Über Schraubenfedern und Gummielemente stützt sich der Aufbau auf den beiden zweiachsigen, in Drehzapfen geführten, Drehgestellen ab. Während der Bauzeit wurden Modifikationen an den Stirnlampen, Lüftungsgittern, Regenrinnen und Handgriffen vorgenommen, die das Äußere mehr oder weniger stark veränderten. Bei den neueren Bauserien fällt zudem die Verschleißpufferbohle auf. Die drei Loks 140 776, 777 und 793 sind mit automatischen Mittelpufferkupplungen versehen und in Doppeltraktion im Erzverkehr eingesetzt. Die BR 140 ist heute hauptsächlich in Ozeanblau/Beige und in Orientrot anzutreffen. Nicht mehr oft sind Loks in der traditionellen grünen Farbe zu sehen.

Die 140 551 ist eine gepflegte Vertreterin der ozeanblau-beigen Farbgebung

Den vertrauten Anblick der Reihe 140 im Erscheinungsbild der achtziger Jahre bieten diese beiden Maschinen

Die beiden Scherenstromabnehmer DBS 54 und der fremdbelüftete und ölgekühlte Transformator entsprechen der Baureihe 110. Neben der serienmäßig eingebauten 28stufigen Hochspannungs-Nachlaufsteuerung sind einige Bauserien mit einem SSW-Hochspannungsschaltwerk mit Sprunglastschaltern bzw. einem SSW-Schaltwerk mit Thyristor-Lastschaltern versehen. Den Antrieb besorgen vier 14polige Wechselstrom-Reihenschlußmotoren mit SSW-Gummiringfederantrieb. Neben den üblichen Zusatzausrüstungen Sifa, Indusi und Zugbahnfunk sind 283 Lokomotiven mit einer Türblockierungseinrichtung versehen worden, um weiterhin im Personenzugverkehr eingesetzt werden zu können. 31 Loks wurden von Beginn an mit einer elektrischen Bremsausrüstung versehen und als Baureihe 139 bezeichnet.

Nach einer ersten Ausmusterungswelle und einzelnen Unfallabgängen liegt der Bestand der Baureihe 140 immer noch bei über 750 Lokomotiven.

Sie werden auf nahezu allen Hauptstrecken im Güterzugdienst eingesetzt. Leistungen im Reisezugverkehr sind inzwischen seltener geworden, werden aber auch weiterhin regelmäßig gefahren.

Technische Daten

Achsformel	Bo'Bo'
Länge über Puffer	16490 mm
Dienstmasse	83 t
Antriebsart	Gummiringfeder
Stundenleistung	3700 kW
Anfahrzugkraft	275 kN
Höchstgeschwindigkeit	110 km/h

Vierachsige Personenzuglokomotive

Als erste Baureihe aus dem Einheitslok-Programm wurde 1956 die heutige BR 141 an die DB ausgeliefert. Ihr Einsatzgebiet im Nahverkehr hat sich bis heute nicht geändert

Der leichte Reise- und Güterverkehr auf Haupt- und Nebenstrecken war das vorgesehene Einsatzfeld der BR 141, die daher nur 15 Tonnen Achslast aufweisen durfte. Henschel und BBC konstruierten die Baureihe, von der zwischen 1956 und 1969 die 451 Maschinen mit den Nummern 141 001 – 451 gebaut wurden. Krupp, Krauss-Maffei und AEG waren mit kleineren Serien am Bau beteiligt.

Der geschweißte Hohlträger-Brückenrahmen ist mit dem Lokomotivkasten verschweißt und bildet mit ihm eine selbsttragende Einheit. Über Schraubenfedern stützt sich der Aufbau auf die beiden zweiachsigen Drehgestelle ab. Drei kleinere Dachsegmente können für Wartungszwecke abgenommen werden. Während der Bauzeit änderte sich die Bauart der Stirnlampen und Lüftungsgitter; spätere Umbauten betrafen die Demontage der Regenrinnen, andere Griffstangen und wiederum geänderte Lüftergitter der Bauart „Klatte“. Die Zug- und Stoßvorrichtungen sind direkt am Brückenrahmen befestigt. Die Drehgestelle haben tiefliegende und seitenbewegliche Drehzapfen und sind mit einer Diagonalkupplung miteinander verbunden. Einseitig an den Radsätzen angeordnete Gummiringfeder-Antriebe treiben die Achsen an. In

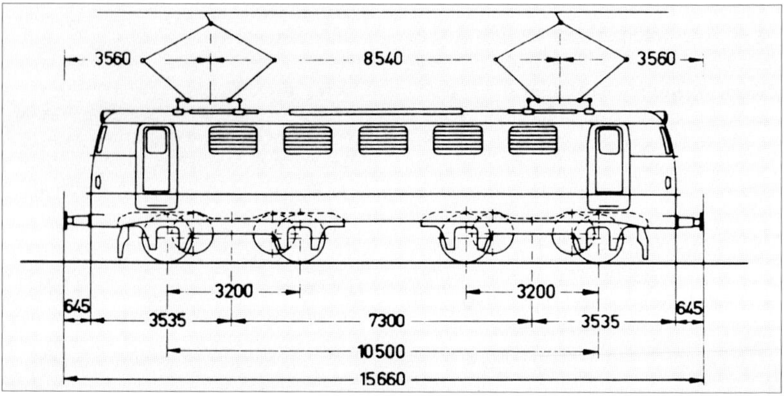

Im orientroten Lack, mit den aufgesetzten Klatte-Lüftern und den Doppellampen stellt die 141 401 eine repräsentative Version ihrer Gattung dar

den fünf Farbgebungen grün, ozeanblau/beige, kieselgrau/orange, orientrot und blau kann die Reihe 141 heute noch beobachtet werden. Wieder blau ist die zur Museumslok ausgewählte erstgebaute Einheitsellok, die in den Urzustand zurückversetzte E 41 001.

Zwei Stromabnehmer DBS 54, ein Druckluft-Schnellschalter und ein fremdbelüfteter, ölgekühlter Transformator bilden die Hauptspannungsausrüstung der Loks. Die Steuerung der Fahrmotoren erfolgt über ein druckluftbetriebenes Niederspannungsschaltwerk mit 28 Fahrstufen. Als Fahrmotoren kommen aus dem Triebzug ET 430 weiterentwickelte zehnpolige Wechselstrom-Reihenschlußmotoren vom Typ ABM 6651 zum Einsatz. Alle Lokomotiven der BR 141 haben eine Wendezugsteuerung, die 141 436-442 eine zeitmultiplexe Wendezugsteuerung, Zugzielanzeigen in den Stirnfenstern, Lautsprechereinrichtung und zentrale Türschließeinrichtungen für den S-Bahn-Verkehr

Nach ersten Ausmusterungswellen ist der Bestand stabil, wird aber mit Inbetriebnahme neuer Fahrzeuge in naher Zukunft zurückgehen.

Technische Daten

Achsformel	Bo'Bo'
Länge über Puffer	15620 mm
Dienstmasse	66,4* t
Antriebsart	Gummiringfeder
Stundenleistung	2200 kW
Anfahrzugkraft	206 kN
Höchstgeschwindigkeit	120 km/h

* 141 447 – 451: 69 t

Vierachsige Personenzuglokomotive

Neben der BR 109 wurde die BR 142 in größerer Stückzahl für die in den sechziger Jahren neuelektrifizierten Strecken bei der Deutschen Reichsbahn gebaut

1963 übernahm die Deutsche Reichsbahn die ersten Lokomotiven der Baureihe 142 in den Zugdienst. Bis Ende 1976 waren von LEW Hennigsdorf alle 292 Maschinen gebaut worden, die sich schnell als „Mädchen für alles" nützlich machten. 22 Loks der Baureihe 109 wurden von 1985 bis 1991 in die BR 142 umgebaut und als Baureihe 142.3 geführt.

Der Lokomotivkasten ist mit dem aus kastenförmigen Hohlprofil-Längsträgern zusammengesetzten Brückenrahmen der Lok verschweißt. Über dem Maschinenraum sind für Wartungszwecke abnehmbare Dachteile vorgesehen. Im Laufe der Bauzeit wurden an Lüftergittern, Griffstangen und der Plazierung des Typhons kleinere Änderungen vorgenommen. Über Wiegebalken und Blattfedern stützt sich der Aufbau auf die beiden geschweißten und längsgekuppelten Drehgestelle ab. Die Zug- und Bremskraftübertragung übernehmen die Drehzapfen, Den Antrieb besorgen Tatzlager-Motoren mit schrägverzahntem Getriebe. Die ursprünglich grünen Loks sind heute neben dem klassischen Bordeauxrot der DR teilweise im Orientrot der Deutschen Bahn lackiert. Sie tragen teilweise nur einen weißen Frontbalken, teilweise auch das sogenannte „Lätzchen".

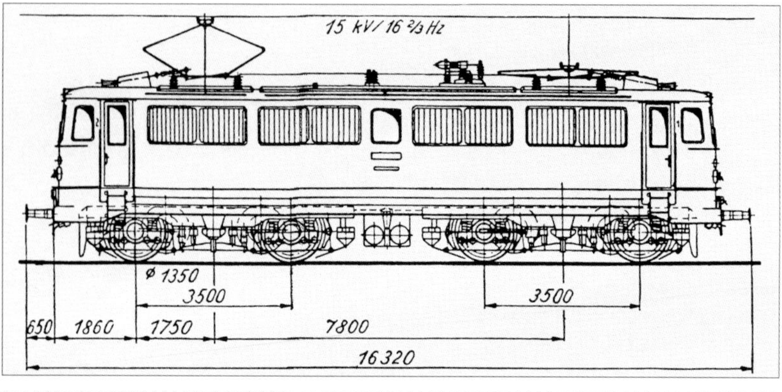

Die 142 169 trägt den orientroten Lack der DB, wohingegen der helle Kontrastbalken noch dem letzten DR-Farbschema entspricht

Auf dem Dach der Lokomotiven der Baureihe 142 sind zwei Scherenstromabnehmer montiert. Der Haupttransformator ist fremdbelüftet und hat einen zwangsweisen Ölumlauf. Ein elektromotorisch betätigtes Nockenschaltwerk zur Regelung der Fahrmotorspannung ist mechanisch mit einem Feinschaltwerk gekuppelt, das mittels eines Zusatztransformators eine feinstufige Spannungsänderung zwischen den 14 Fahrstufen ermöglicht. Diese Schaltung entspricht der Baureihe 109. Als Fahrmotoren kommen vier zwölfpolige Wechselstrom-Reihenschlußmotoren zur Anwendung.

Die DR rüstete eine große Zahl der Loks mit einer Wendezugsteuerung aus, ab Mitte der achtziger Jahre wurden auch Zugbahnfunk (MESA) und Indusi nachgerüstet.

Durch die Nachfolgeloks 143 wurden die 142 inzwischen bereits vielerorts aus der Zugförderung verdrängt, doch werden die verbliebenen Loks noch einige Zeit – vor allem im Raum Magdeburg – eingesetzt.

Die schweizerische Firma Lokoop hat einige Loks der Reihe 142 gebraucht gekauft und vermietet sie an Privatbahnen.

Technische Daten

Achsformel	Bo'Bo'
Länge über Puffer	16260 mm
Dienstmasse	82,5 t
Antriebsart	Tatzantrieb
Stundenleistung	2920 kW
Anfahrzugkraft	245 kN
Höchstgeschwindigkeit	100 km/h

Vierachsige Mehrzwecklokomotive

Mit dem Bau der BR 143 gelang LEW in Hennigsdorf eine bewährte Konstruktion. Die Mehrzwecklok kann mit Fug und Recht als „Mädchen für alles“ bezeichnet werden

1984 begann die Auslieferung, nachdem 1982 zunächst ein Baumuster präsentiert worden war, das bis heute im Besitz des Herstellers ist (143 001 in Adtranz-Eigentum). Im Dezember 1990 wurde der Bau nach 646 Maschinen abgeschlossen. Sie teilen sich in drei Bauserien auf: die 143 002-370 und 143 551-659 besitzen im Gegensatz zu den 143 801-968 keine Vielfachsteuerung. Zusätzlich wurden größere Serien mit einer Getriebeübersetzung für 160 km/h geliefert und als BR 112 bezeichnet.

Der geschweißte Brückenrahmen besteht aus zwei durchgehenden, kastenförmigen Querträgern, den Drehzapfenquerträgern und mehreren Hilfs- und Längsquerträgern für die Aufnahme der Maschinenraumausrüstung. Mit ihm sind die Führerhäuser und die längsgesickten Maschinenraum-Seitenwände zu einer selbsttragenden Einheit verschweißt. Die Lüftergitter befinden sich in der Dachschräge. Brückenträger und Kastenaufbau stützen sich über sechs Flexicoil-Schraubenfedern auf jedes

Für den S-Bahn-Dienst wurden einige 143er umgerüstet

143 572, lackiert nach dem Anstrichschema der Deutschen Reichsbahn

Drehgestell ab. Die Schwingungsdämpfung besorgen vier Hydraulik-Stoßdämpfer. Als Antrieb dient ein Tatzlager-Hohlwellenantrieb.

Die BR 143 ist die erste Ellokreihe der DR, die serienmäßig Einholm-Stromabnehmer erhielt. Der Haupttransformator ist ein fremdbelüfteter Dreischenkel-Kerntransformator mit zwangsweisem Ölumlauf. Ein Thyristorsteller ermöglicht das praktisch stufenlose Überschalten zwischen den 30 Fahrstufen des Hochspannungs-Stufenschaltwerks. Die Übertragungssteuerung ist komplex für Fahren, Bremsen, die Stromabnehmerbetätigung und die Hilfsbetriebe ausgeführt. Alle Loks haben eine fahrleitungsabhängige elektrische Widerstandsbremse. Für den Einsatz im S-Bahnverkehr und vor Doppelstock-Wendezügen wurden mehrere Maschinen mit der zeitmultiplexen Wendezugsteuerung (ZWS) sowie der zeitmultiplexen Doppeltraktionssteuerung (ZDS) nachgerüstet.

Der Einsatz der Loks erfolgt bundesweit, wobei von der S-Bahn im Rhein-Ruhr-Gebiet und im Nürnberger Raum bis zum InterRegio nahezu alle Reisezuggattungen bespannt werden. Einsätze im Güterverkehr sind selten.

Technische Daten

Achsformel	Bo'Bo'
Länge über Puffer	16640 mm
Dienstmasse	82,5 t
Antriebsart	Kegelringfeder
Stundenleistung	3720 kW
Anfahrzugkraft	240 kN
Höchstgeschwindigkeit	120 km/h

Vierachsige Mehrzwecklokomotive

Zur Erneuerung des Elektrolokbestandes der Deutschen Bahn gehört auch eine leichte Mehrzwecklokomotive, die Aufgaben der Baureihen 140 und 141 übernehmen wird

1997 begann die Auslieferung der zunächst bestellten 80 Lokomotiven der neuen BR 145. Hersteller ist Adtranz Deutschland, gebaut werden die Maschinen in den Werken Hennigsdorf und Kassel.

Die äußeren Konturen ähneln sehr stark denen der beiden anderen Neubau-Reihen 101 und 152. Der Lokkasten ist als robuste Schweißkonstruktion ausgeführt worden, der aus den drei Baugruppen Untergestell, Führerhäusern und Seitenwänden besteht. Das Äußere ist betont glattflächig gehalten. Drei Dachhauben sind für Wartungszwecke abnehmbar; sie reichen bis in die Dachschräge und umfassen auch die hier angeordneten Lüftergitter. Die Führerhäuser sind druckdicht ausgeführt und unterhalb der Stirnfenster besonders kräftig ausgebildet, um den Lokomotivführer im Falle einer Kollision zu schützen.
Die beiden zweiachsigen Drehgestelle in Flexifloat-Bauweise übertragen die Zug- und Stoßkräfte über geneigte Zug- und Druckstangen.
Die Radsätze weisen integrierte Radscheibenbremsen auf. Wegen der relativ geringen Höchstgeschwindigkeit sind Tatzlagerantriebe eingebaut.
Die BR 145 wird von Beginn an in Verkehrsrot mit weißem Balken an der Frontseite und dem seitlichen Schriftzug „DB Cargo“ lackiert.

Die Konstruktion der Hochspannungsausrüstung wurde im wesentlichen von der Baureihe 101 übernommen, aber an die geringere

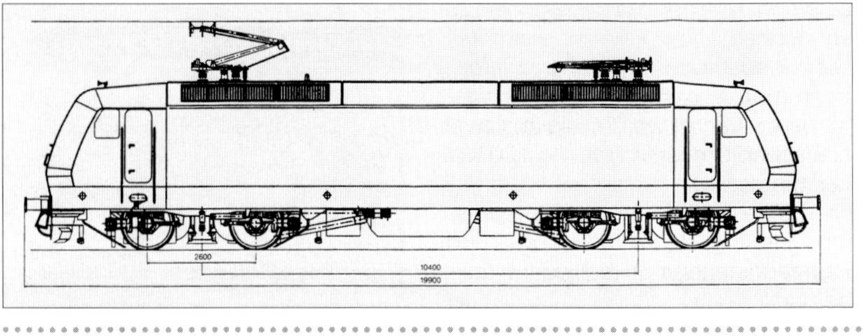

Im Sommer 1997 begann die Indienststellung der Baureihe 145. Zunächst hat die DB achtzig dieser Güterzugloks bestellt

Leistung angepaßt. Je Drehgestell ist ein Stromrichter (zwei Vierquadrantensteller, ein Pulswechselrichter) installiert.

Erstmals ist ein Energiezähler eingebaut. Er ermöglicht, die vom Fahrdraht tatsächlich aufgenommene Leistung unter Berücksichtigung der beim Bremsen zurückgegebenen Leistung mit dem Netzbetreiber zu verrechnen.

Die Hilfsbetriebe werden von Drehstrommotoren mit 400 V, 60 Hz angetrieben; versorgt werden sie aus zwei statischen Umrichtern von je 120 kW Leistung.

Die Leittechnik ist mit zwei integrierten Steuergeräten (mit Zug- und Fahrzeugsteuerung) redundant ausgeführt.

Die Lokomotiven der Baureihe 145 werden dem DB-Geschäftsbereich Cargo zugewiesen. Sie sollen insbesondere Aufgaben von Loks der Baureihen 140, 141 und 143 übernehmen; letztere werden nicht ausgemustert, sondern ersetzen ihrerseits Maschinen anderer, älterer Baureihen.

Technische Daten

Achsformel	Bo'Bo'
Länge über Puffer	19900 mm
Dienstmasse	84 t
Antriebsart	Tatzrollenlager
Stundenleistung	4200 kW
Anfahrzugkraft	300 kN
Höchstgeschwindigkeit	140 km/h

Sechsachsige Güterzuglokomotive

Das Typenprogramm für Elektrolokomotiven der DB sah in den fünfziger Jahren auch eine schwere Güterzuglokomotive vor. Als Baureihe E 50, heute 150, wurde sie verwirklicht

Über den langen Beschaffungszeitraum von 1957-1973 lieferten hauptsächlich Krupp (mechanischer Teil) und AEG (elektrischer Teil) 194 Elektrolokomotiven der Baureihe 150. Nur eine kleine Serie wurde von Krauss-Maffei und SSW/Siemens geliefert. Die Maschinen erhielten 1968 die EDV-gerechten Betriebsnummern 150 001-194.

Der Hauptrahmen ist aus Längs- und Querträgern zusammengeschweißt und als Brückenrahmen ausgebildet. Mit ihm verschweißt ist der Aufbau mit Seitenwänden in Stahlleichtbauweise. Je Lokseite sind sechs Lüftergitter und zwei Maschinenraumfenster vorhanden. Drei Hauben auf dem Dach lassen sich für Wartungszwecke abnehmen. Der Lokkasten stützt sich an acht Punkten über Federtöpfe auf den beiden dreiachsigen Drehgestellen ab; mehrere Loks besitzen versuchsweise Flexicoilfedern. Der jeweils mittlere Radsatz ist seitenverschiebbar. Die außermittig gelagerten Drehzapfen übertragen die Zug- und Stoßkräfte von den Drehgestellen auf den Brückenrahmen der Lok. Die ersten 25 Lokomotiven wurden mit einem Tatzlagerantrieb geliefert, die restlichen mit dem Gummiringfederantrieb. Ihn besitzen nun durch Drehgestelltausch auch die verbliebenen acht Lokomotiven der ersten Serie. Wie bei

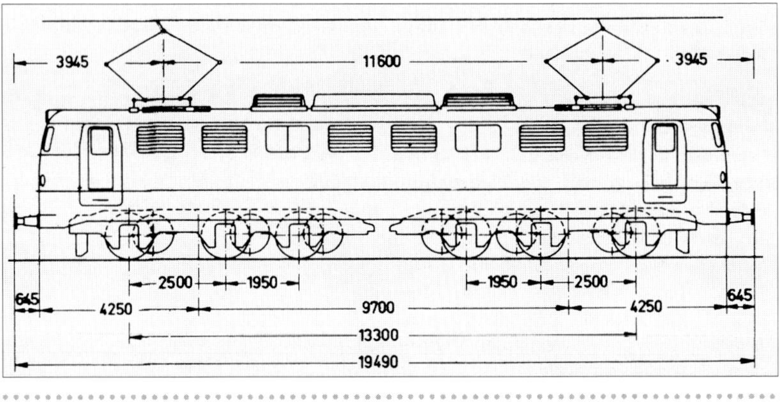

Typisch für das Aussehen der Reihe 150 in den 90er Jahren: Aufgesetze Lüftergitter, Doppellampen, abgebaute Regenrinnen und orientrote Lackierung

allen Einheits-Elloks der DB wurden Bauartveränderungen an den Regenrinnen, Lüftergittern, Stirnlampen und Pufferbohlen vorgenommen. Die Loks wurden im grünen Anstrich mit schwarzem Rahmen geliefert, den die jüngeren Loks heute noch tragen. Daneben verkehren Loks in Ozeanblau/Beige und Orientrot.

Zwei Scherenstromabnehmer DBS 54 und ein ölgekühlter Transformator sind eingebaut. Die Steuerung ist eine motorisch betriebene 28stufige Hochspannungssteuerung. Als Fahrmotoren sind sechs zwölfpolige Wechselstrom-Reihenschlußmotoren des Typs EKB 760 eingebaut. Zusätzlich zur Druckluftbremse ist eine fremderregte Gleichstrom-Widerstandsbremse vorhanden.

Im schweren Güterzugdienst gerade auf Mittelgebirgsstrecken wird die BR 150 seit ihrer Indienststellung verwendet. Einige Loks sind bereits ausgeschieden, und durch die neue BR 152 werden die das Gleis stark beanspruchenden und langsamen 150er in absehbarer Zeit ersetzt.

Technische Daten

Achsformel	Co'Co'
Länge über Puffer	19490 mm
Dienstmasse	126* t
Antriebsart	Gummiringfeder
Stundenleistung	4500 kW
Anfahrzugkraft	441* kN
Höchstgeschwindigkeit	100 km/h

*150 001 - 025: 128 t, 443 kN

Sechsachsige Güterzuglokomotive

Um den Bedarf an schweren Güterzuglokomotiven in den siebziger Jahren zu decken, konstruierte die DB eine modernere und schnellere Nachfolgereihe für die Baureihe 150

Zur Ergänzung der seit den fünfziger Jahren gebauten Lokomotiven der Baureihe 150 beschaffte die DB von 1972 bis 1977 die leistungsfähige und technisch weiterentwickelte Baureihe 151 in 170 Exemplaren. Henschel, Krauss-Maffei und Krupp zeichneten für den mechanischen, AEG, BBC und SSW für den elektrischen Teil der 151 001 – 170 verantwortlich.

Auf dem Brückenrahmen ruhen drei abnehmbare Maschinenraumhauben, die als ganze Teile demontierbar und mit dem Rahmen verschraubt sind. Wartungs- und Instandsetzungsarbeiten an größeren Bauteilen werden so vereinfacht. Zur Arbeitserleichterung für das Lokpersonal sind die Führerhäuser klimatisiert. Die beiden dreiachsigen Drehgestelle werden ohne Drehzapfen geführt und übertragen die Zugkräfte über Mitnehmer und Druck-Schub-Federn. Beim Antrieb handelt es sich um den bewährten SSW-Gummiringfederantrieb. Die Loks 151 089 – 099 und 114 – 122 besitzen anstelle der Schraubenkupplungen automatische Mittelpufferkupplungen. Die Maschinen wurden zunächst in Grün, die 151 073 sowie ab 151 076 in blau/beigem Anstrich abgeliefert. Mittlerweile werden sie orientrot lackiert.

Zwei Scherenstromabnehmer des Typs DBS 54 sind auf dem Dach der BR 151 montiert. Der Haupttransformator leistet 6300 kVA und besitzt ein 29stufiges Hochspannungs-

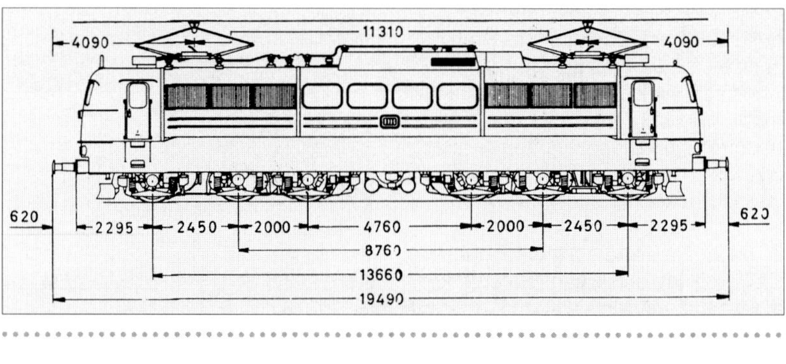

151 070 in der ursprünglichen grünen Farbgebung mit schwarz abgesetztem Rahmen, Zierstreifen und hellem Fensterband

Schaltwerk. Sechs Wechselstrom-Reihenschlußmotoren treiben alle Achsen an. Sie werden über eine servomotorisch betriebene Nachlaufsteuerung mit einem Handrad geregelt, wobei der Stufenvergleich elektronisch erfolgt. Neben der Druckluftbremse sind die Loks mit einer Widerstandsbremse ausgestattet. Alle Maschinen verfügen zudem über Einrichtungen für Mehrfachtraktion und Wendezugbetrieb. Ein Teil von ihnen erhielt nachträglich Linienzugbeeinflussung, um auf Neubaustrecken eingesetzt werden zu können.

Die Baureihe 151 wird bundesweit im schweren Güterverkehr eingesetzt, für den sie auch konzipiert worden war. Die mit Mittelpufferkupplungen ausgestatteten Maschinen werden in Doppeltraktion vor Erzzügen eingesetzt und befördern dabei die schwersten deutschen Güterzüge. Einsätze im Personenverkehr erfolgen trotz der vorhandenen Ausrüstung selten.

Technische Daten

Achsformel	Co'Co'
Länge über Puffer	19490 mm
Dienstmasse	118 t
Antriebsart	Gummiringfeder
Stundenleistung	6300 kW
Anfahrzugkraft	441 kN
Höchstgeschwindigkeit	120 km/h

Vierachsige Güterzuglokomotive

Zweite Baureihe einer neuen Ellok-Generation ist die BR 152. Für den Geschäftsbereich Cargo bestimmt, wird sie Einheitsloks aus den fünfziger und sechziger Jahren ersetzen

Im Dezember 1996 begann die Auslieferung der 195 bestellten Lokomotiven. Technisch basiert die 152 auf dem „EuroSprinter", der bei der DB als 127 001 getestet wurde. Alle Maschinen werden von Siemens und Krauss-Maffei gebaut und als 152 001 – 195 an die DB abgeliefert.

Der Lokkasten besteht aus Untergestell, Seitenwänden, drei abschraubbaren Dachelementen und zwei Führerhäusern. Der Lokkasten ist betont glattflächig, die wenigen Lüftergitter liegen in der Dachschräge, die Stirnfenster sind bündig eingesetzt. Der Lokkasten bildet eine verwindungssteife Einheit und ruht auf zwei zweiachsigen Drehgestellen. Diese sind als geschlossene Konstruktion mit massivem Mittelträger ausgeführt, der die Drehzapfen aufnimmt. Eingebaut sind Monobloc-Radsätze mit zwei Radbremsscheiben je Rad. Als Antrieb wurde der klassische Tatzlagerantrieb verwendet. Als erste Baureihe der DB ist die BR 152 von Beginn an in Verkehrsrot lackiert; Rahmen und Dachschräge heben sich davon hellgrau ab. An der Front ist statt des „Lätzchens" ein weißer Kontrastbalken angebracht.

Die Maschinen besitzen zwei Einholmstromabnehmer des Typs SSS 87 mit Schnellfahrwippe. Der Hauptschalter ist wie beim ICE als Vakuumschalter ausgeführt. Über den mit Polyol-Ester gekühlten Haupttransformator und den Traktionsumrichter gelangt der Strom zu den vier vierpoligen Drehstrom-Asynchronmotoren. Diese stützen sich einerseits über je zwei Tatzlager an den

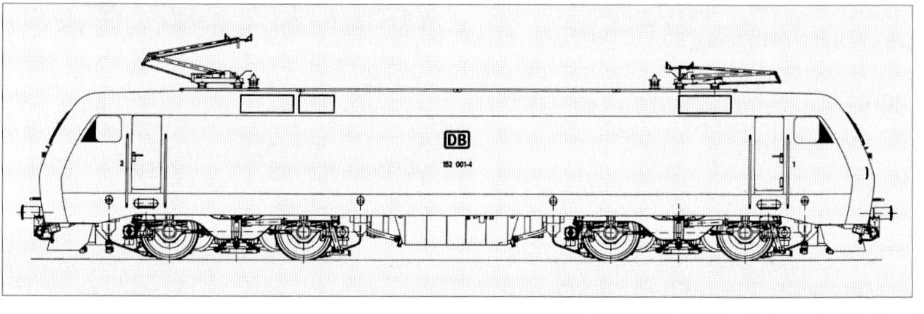

Mit der 152 001 begann 1996 die Ablieferung einer insgesamt 195 Stück umfassenden Serie leistungsfähiger Güterzuglokomotiven

Radsatzwellen und andererseits durch je eine Pendelstütze auf den Drehgestellrahmen ab. Die Lokomotiven sind mit zwei zentralen Steuergeräten SIBAS 32 mit integrierter automatischer Fahr- und Bremssteuerung, zentraler Weg- und Geschwindigkeitserfassung, Sicherheitsfahrschaltung und zentraler Diagnose ausgerüstet. Neben Indusi und Zugbahnfunk sind die Loks auch mit Linienzugbeeinflussung LZB 80 versehen.

Von Nürnberg aus werden die Lokomotiven der Baureihe 152 im schweren Güterzugdienst eingesetzt. Aufgrund der bestellten Stückzahl und der Leistung wird sie die Baureihe 150 in einigen Jahren vollständig ablösen können; die Maschinen werden dann auf dem gesamten elektrifizierten Streckennetz der Deutschen Bahn zum Einsatz kommen.

Technische Daten

Achsformel	Bo'Bo'
Länge über Puffer	19580 mm
Dienstmasse	88 t
Art des Antriebs	integrierte Tatzlager
Dauerleistung	6400 kW
Anfahrzugkraft	300 kN
Höchstgeschwindigkeit	140 km/h

Sechsachsige Güterzuglokomotive

Für den schweren Güter- und Personenverkehr sowie zur Ablösung der Vorkriegsbaureihe E 94 beschaffte die Deutsche Reichsbahn diese sechsachsige Baureihe

Nachdem das Betriebsprogramm festgelegt war, konnten in mehreren Baulosen von 1974 bis 1984 insgesamt 273 Lokomotiven unter der damaligen Baureihenbezeichnung 250 in Dienst gestellt werden. Alle Loks stammen von LEW Hennigsdorf. Sie tragen heute die Betriebsnummern 155 001-273.

Der Hauptrahmen mit zwei durchgehenden, unter den Führerhäusern verstärkten Längsträgern, trägt die gesickten Maschinenraumseitenwände und die Endführerhäuser. Diese sind über den Maschinenraum zugänglich, in den die Seitenwandtüren führen. Über dem Maschinenraum ist das Dach in drei haubenförmigen Teilen abnehmbar. Die beiden dreiachsigen Drehgestelle bestehen aus geschweißten Rahmen mit kastenförmigen Längs- und Querträgern für die Fahrmotoraufhängung und die Drehzapfenlagerung. Die Schneeräumer sind höhenverstellbar, die Drehgestellrahmen für den Einbau der Mittelpufferkupplung vorbereitet. Jeder der sechs Radsätze wird durch einen Tatzlager-Hohlwellen-Antrieb mit Gummikegelfeder angetrieben. Schraubenfedern und Hydraulik-Stoßdämpfer federn die Radsätze im Drehgestell ab. Die Lokomotiven der Baureihe 155 wurden in Bordeauxrot abgeliefert, einige wenige in Oleanderrot. Zusätzlich fahren viele von ihnen mittlerweile im DB-

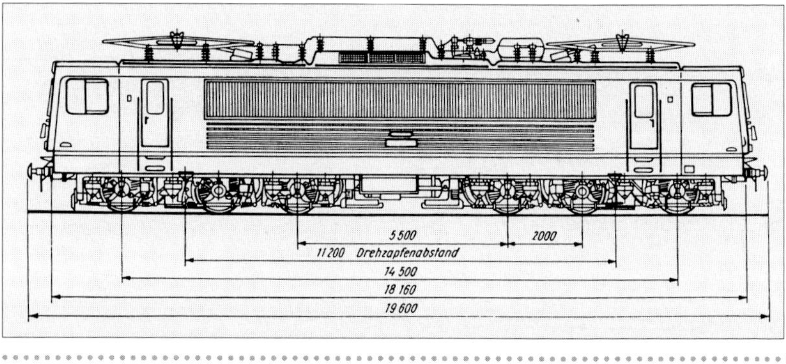

Zwischen 1974 und 1984 beschaffte die Reichsbahn insgesamt 273 dieser leistungsfähigen Güterzuglokomotiven

typischen Orientrot mit weißer Kontrastfläche auf der Front.

Die Maschinen haben zwei Scherenstromabnehmer und einen fremdbelüfteten Haupttransformator mit zwangsweisem Ölumlauf. Für das Hochspannungsschaltwerk mit Stufenwähler und Thyristorsteller zur Regelung der Fahrmotorspannung hat er 31 Anzapfungen. Als Motoren kommen sechs zwölfpolige Wechselstrom-Reihenschlußmotoren zum Einsatz. Die BR 155 ist mit einer thyristorgeregelten elektrischen Widerstandsbremse ausgestattet und besitzt die üblichen Sicherheitseinrichtungen, wie Sifa, Indusi und Zugbahnfunk.

Durch den Transportrückgang bei der Deutschen Reichsbahn nach der deutschen Wiedervereinigung waren zahlreiche 155 beschäftigungslos abgestellt. Nach der Zusammenführung der beiden deutschen Staatsbahnen wurde die 155 in Nürnberg getestet und für das ehemalige DB-Netz für geeignet befunden. Seither wird die BR 155 bundesweit von den Betriebshöfen Dresden, Leipzig, Seddin und Mannheim im schweren Güterverkehr eingesetzt. Einzelne Leistungen werden auch im Personenverkehr erbracht.

Technische Daten

Achsformel	Co'Co'
Länge über Puffer	19600 mm
Dienstmasse	123 t
Art des Antriebs	Kegelringfeder
Stundenleistung	5400 kW
Anfahrzugkraft	380 kN
Höchstgeschwindigkeit	125 km/h

Sechsachsige Güterzuglokomotive

Die Vereinigung Deutschlands brachte das Aus für eine größere Serie dieser gelungenen Güterzuglok. Der Güterverkehr ging zurück und es blieb bei vier Prototypen

Die Weiterentwicklung der Ellok-Reihe 155 sollte die technischen Neuerungen bei der BR 143 berücksichtigen. Zur Erprobung bei der Deutschen Reichsbahn baute LEW Hennigsdorf 1991 vier Prototypen mit den Betriebsnummern 156 001 – 004, denen nach der Zusammenführung der beiden deutschen Bahngesellschaften und des starken Rückgangs im Güterverkehr keine Serienloks mehr folgten.

Lokkasten und Hauptrahmen der Lokomotiven sind hochfeste Leichtbau-Konstruktionen, bei denen auch die Seitenwände in den tragenden Verbund einbezogen sind. Der gesamte Lokkasten wurde sehr glattflächig gestaltet, die Lüftergitter in die Dachschräge verlegt. Flexicoilfedern stützen den Aufbau auf den beiden dreiachsigen Drehgestellen ab, die sechs Fahrmotoren sind gegenüber den Achsen über Kegelringfederantriebe und gegenüber den Drehgestellrahmen mit Gummischubfedern abgefedert. Sie entsprechen den Motoren der Baureihe 112. Antrieb und Laufwerk der Baureihe 156 sind für 160 km/h ausgelegt, was durch eine Änderung der Getriebeuntersetzung erreicht werden könnte. Alle Loks tragen den orientroten Anstrich, jedoch mit unterschiedlicher Aufteilung der Kontrastflächen.

156 004 mit dem mikroprozessorgesteuerten Rechnersystem Sibas 16

Die vier 156er unterscheiden sich durch diverse technische Details; die 156 002 zum Beispiel erhielt einen statischen Umformer

Die BR 156 ist mit zwei Halbscherenstromabnehmern ausgerüstet. Die Hauptsteuerung regelt die Fahrgeschwindigkeit entsprechend dem vom Lokführer vorgegebenen Sollwert, stellt selbsttätig die Zugkraft und die elektrische Bremskraft ein und schaltet bedarfsweise die pneumatische Ergänzungsbremse zu. Per Hilfssteuerung kann die Zugkraft direkt eingestellt werden. In einigen technischen Punkten unterscheiden sich die vier 156er: 156 001 ist mit einer Steuerelektronik ähnlich der in der BR 143 verwendeten ausgestattet. Sie arbeitet auf der Basis hochintegrierter Schaltkreise und mit einem rotierenden Umformer für das 380 V/50 Hz-Drehstrombordnetz. Bei 156 002 ist ein statischer Umformer eingebaut. 156 003 und 004 verfügen über statische Umrichter und das mikroprozessorgesteuerte Rechnersystem Sibas 16 mit bildschirmgestützten Betriebsanzeigen und Diagnosemöglichkeiten. Zur allgemeinen Ausstattung der Reihe 156 zählt neben den üblichen Sicherheitseinrichtungen auch die Zugsammelschiene für den Einsatz vor Reisezügen.

Bei der DB wird die 156 vor Güterzügen ebenso wie vor Reisezügen bevorzugt in Sachsen eingesetzt. Die Einsatzplanung für die nur vier Loks umfassende Baureihe gestaltet sich dabei nicht immer einfach.

Technische Daten

Achsformel	Co'Co'
Länge über Puffer	19500 mm
Dienstmasse	120 t
Antriebsart	Kegelringfeder
Stundenleistung	5880 kW
Anfahrzugkraft	400 kN
Höchstgeschwindigkeit	125 km/h

171

Sechsachsige Mehrzwecklokomotive

Außenseiter im Triebfahrzeugpark sind die Elektrolokomotiven der BR 171, die ausschließlich auf der Rübelandbahn Blankenburg – Königshütte eingesetzt werden können.

Aus Testzwecken entschloß sich die DR, die im Harz gelegene Rübelandbahn mit ihren starken Steigungen und dem regen Güterverkehr mit dem abweichenden Stromsystem von 25 kV/50 Hz zu elektrifizieren. Für diesen Inselbetrieb lieferte LEW 1965 15 Loks der damaligen Baureihe 251, die heutigen 171 001-015.

Äußerlich lehnen sich die sechsachsigen Loks an die vierachsigen Maschinen der BR 109 und 142 an. Rahmen und Aufbau bilden eine Schweißkonstruktion, an deren stirnseitigen Querträgern die Zug- und Stoßvorrichtungen sowie die fest montierten Schneeräumer befestigt sind. Vier in Federtöpfen angeordnete Schraubenfedern stützen den Lokkasten auf den Drehgestellen ab. Die Radsätze werden im Drehgestell durch Blattfedern und Gummielemente abgefedert. Zwischen den Drehgestellen befindet sich eine Ausgleichskupplung mit seitlich vorgespannten Federn, wodurch die Laufeigenschaften in den engen Bögen der Strecke verbessert werden. Aufgrund der im Vergleich zu den Baureihen 211 und 242 geringeren Höchstgeschwindigkeit der Loks von 80 km/h kamen Tatzlagerantriebe zum Einbau. Der Tatzantrieb wirkt beidseitig über schrägverzahnte Zahnräder auf die Achsen. Nachdem die Maschinen ursprünglich grün lackiert waren, fahren sie heute im bordeauxroten DR-An-

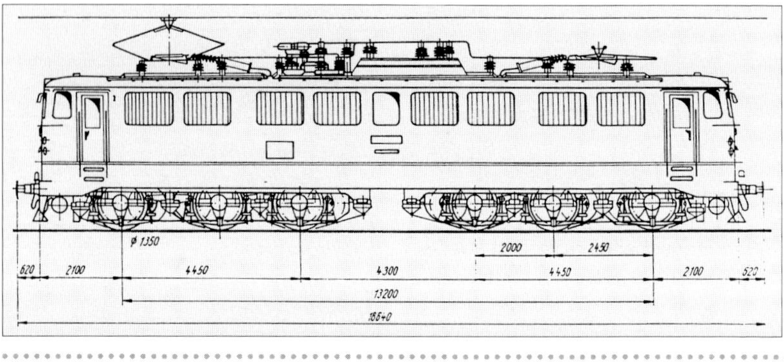

Der Einsatz der Reihe 171 ist auf die Strecke Blankenburg – Königshütte, ein elektrischer Inselbetrieb mit 25 kV/50 Hz, beschränkt

strich, in Orientrot und 171 001 als technisches Denkmal des Landes Sachsen-Anhalt wieder in grüner Lackierung durch den Harz.

Die elektrische Ausrüstung der Lokomotiven besteht aus den zwei Scherenstromabnehmern, dem Dachtrennschalter, einem Druckluftschnellschalter, dem Durchführungsstromwandler und dem Haupttransformator, der als Öltransformator mit zwangsweisem Ölumlauf und Fremdbelüftung ausgeführt ist. Das Hochspannungsschaltwerk verfügt über 34 Dauerfahrstufen. Zwei Silizium-Gleichrichter speisen die sechs Wellenstrom-Reihenschlußmotoren. Eine elektrische Widerstandsbremse ist bei allen Maschinen eingebaut.

Elf der einst fünfzehn Loks werden weiterhin im Personen- und Güterverkehr zwischen Blankenburg und Königshütte eingesetzt.

Technische Daten

Achsformel	Co'Co'
Länge über Puffer	18640 mm
Dienstmasse	124 t
Antriebsart	Tatzantrieb
Stundenleistung	3660 kW
Anfahrzugkraft	373 kN
Höchstgeschwindigkeit	80 km/h

180

Vierachsige Zweisystemlokomotive

Für den regen Verkehr zwischen der DDR und der Tschechoslowakei benötigten die beiden Bahngesellschaften eine Zweisystemlokomotive

Der starke Verkehr auf der Linie Berlin – Dresden – Decin ließ für die DR und die CSD eine Zweisystemlokomotive sinnvoll erscheinen, mit der ein Umspannen der Züge an der Grenze aufgrund der unterschiedlichen Stromsysteme vermieden werden kann. Lieferant der 1988-1991 gebauten Loks war Skoda in Plzen. Sie tragen die Betriebsnummern 180 001 – 020.

Der geschweißte, eckige Lokkasten mit den charakteristischen Sicken an den Seitenwänden entspricht weitgehend der Skoda-Einheitskonstruktion, die seit Jahren für verschiedene Lokreihen von diesem Hersteller verwendet wird. Die Fenster- und Lüfteranordnung beider Lokseiten ist unterschiedlich. Zwei zweiachsige Drehgestelle mit Speichenrädern tragen über eine Pendelkonstruktion den Aufbau. Die Übertragung der Zug- und Bremskräfte erfolgt mittels tief angelenkter Drehzapfen. Seit ihrer Anlieferung sind die Loks im typischen bordeauxrot der DR gestrichen.

Zwei Halbscherenstromabnehmer der Bauart Skoda nehmen die Spannung von der Fahrleitung ab, je nach Stromsystem wird der Hauptschalter für 3000 Volt Gleichspannung oder der für 15 kV / 16,7 Hz Wechselspannung

Die Baumusterlok 180 001 wurde für 160 km/h Höchstgeschwindigkeit ertüchtigt; ein Serienumbau soll jedoch nicht folgen

Für den grenzüberschreitenden Verkehr nach Tschechien und Polen sind in Dresden zwanzig Lokomotiven der Reihe 180 beheimatet

zugeschaltet. Beim Wechselstrombetrieb wird die Spannung über einen Haupttrafo, zwei Brückengleichrichter und Glättungsdrosseln, beim Gleichstrom direkt aus der Fahrleitung den Gleichstromfahrmotoren zugeführt. Je zwei Motoren liegen in einer Reihenschaltung, sie werden über eine klassische Stufenschaltung angesteuert. Die Fahrsteuerung kann dabei wahlweise in Stufen oder kontinuierlich betätigt werden. Zur weiteren Ausrüstung gehören eine fahrleitungsunabhängige elektrische Widerstandsbremse, die punktförmige Zugbeeinflussung für deutsche Strecken und das CSD-Zugsicherungssystem VZ. 180 001 wurde versuchsweise für 160 km/h umgerüstet, um die Eignung der Baureihe für diese Geschwindigkeit zu testen. Ein Umbau weiterer Loks unterblieb bislang.

Nach Erhöhung der Streckengeschwindigkeit zwischen Berlin und Dresden auf 160 km/h werden die Loks der Reihe 180 und ihre tschechische Schwesterbaureihe 372 meist nur zwischen Dresden und Decin eingesetzt. Damit ist in Dresden wieder ein Lokwechsel nötig. Weitere Leistungen erbringen die 180 vor Personen- und Güterzügen auf der Relation Berlin – Frankfurt (Oder) – Rzepin nach Polen.

Technische Daten

Achsformel	Bo'Bo'
Länge über Puffer	16800 mm
Dienstmasse	84 t
Antriebsart	Kardan
Stromsysteme	3 kV =; 15 kV, 16 2/3 Hz
Anfahrzugkraft	245 kN
Höchstgeschwindigkeit	120 km/h

Vierachsige Zweisystemlokomotive

In den sechziger Jahren beschaffte die DB mehrere Zweisystem-Probelokomotiven, um den Lokwechsel an den Grenzübergängen nach Frankreich überflüssig zu machen

Von den vier 1967 gelieferten 181.0 ist nur noch die 181 001 im Einsatz

Krupp und AEG zeichneten für den Bau der vier Lokomotiven BR 181 verantwortlich, die 1967 geliefert wurden.

Auf dem als Brückenrahmen ausgebildeten Rahmen ruhen drei Maschinenraumhauben und die beiden Führerstände. Über Flexicoil-Schraubenfedern stützt sich der Aufbau auf die beiden zweiachsigen Drehgestelle ab.

Auf dem Dach sind zwei Einholmstromabnehmer montiert, von denen einer für das deutsche und einer für das französische Stromsystem ausgerüstet ist.

Der Einsatz der letzten einsatzbereiten Lok 181 001 erfolgt durch den Betriebshof Saarbrücken meist von Trier aus im grenzüberschreitenden Güterverkehr nach Frankreich.

Technische Daten

Achsformel	Bo'Bo'
Länge über Puffer	16950 mm
Dienstmasse	84 t
Art des Antriebs	Gummi-Kardan
Stundenleistung	3240 kW
Anfahrzugkraft	275 kN
Höchstgeschwindigkeit	150 km/h

Vierachsige Zweisystemlokomotive

Für den Verkehr auf den Strecken nach Luxemburg und Frankreich benötigte die DB Zweisystemlokomotiven, die neben dem deutschen auch das 50 Hz/25 kV-System verarbeiten können

Basierend auf Erfahrungen mit der 181.0, entstand die kleine Serie 181.2

Für die Entwicklung der 25 Maschinen mit den Nummern 181 201-225 zeichnete Krupp im mechanischen und AEG im elektrischen Teil verantwortlich. Die Auslieferung erfolgte 1974/75.

Der Lokkasten mit zwei Längssicken und drei abnehmbaren Maschinenhauben ist in einer Aluminium-Schweißkonstruktion hergestellt. Auffällig sind die in die Dachrundung reichenden Luftansaugöffnungen und Lüftergitter, die ebenfalls teilweise in die Dachrundung übergehen, sowie die drei Maschinenraumfenster. Geräumige, ergonomisch gestaltete Führerstände kennzeichnen die moderne Konstruktion. Der Brückenrahmen der Lok ist selbsttragend ausgeführt; er stützt sich über Flexicoilfedern auf auf den beiden zweiachsigen Drehgestellen ab. Sie wurden gegenüber den Vorserienloks neu konstruiert und besitzen querelastisch geführte Radsätze. Am Rahmen sind die Verschleißpufferbohlen befestigt. Das Antriebskonzept ähnelt der BR 103, es wird ein Siemens-Gummiring-Kardanantrieb verwendet. Die BR 181.2 ist in Blau, Ozeanblau/Beige und Orientrot bei der DB im Betrieb

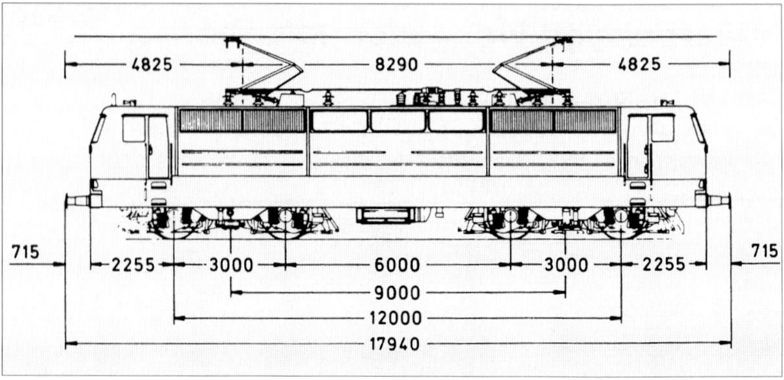

anzutreffen. Die 181 211-214 weisen als Besonderheit „Taufnamen" auf, die an den Seitenwänden angeschrieben sind.

Von den vier vorgesehenen Stromabnehmerplätzen sind die beiden inneren Plätze mit Einholm-Stromabnehmern der Bauart SBS 67 bestückt. Während einer ein Schleifstück nach DB-Norm besitzt, ist der zweite für Fahrleitungen der SNCF und CFL geeignet. Die Steuerung der Fahrmotoren erfolgt über eine halbgesteuerte Brückenschaltung der Gleichrichter als Anschnittsteuerung. Die Systemumschaltung wird durch druckluftbetriebene Schubumschalter selbsttätig bewirkt. Eingebaut sind vier sechspolige, fremdbelüftete Mischstrom-Reihenschlußmotoren. Zum Bremsen dient neben der Druckluftbremse eine mit ihr kombinierte elektrische Widerstandsbremse. Die Maschinen verfügen über Zug-Sicherungseinrichtungen und Zugfunk entprechend für alle befahrenen Bahnsysteme.

Die in Saarbrücken stationierten Lokomotiven bestreiten einen Großteil des Personen- und Güterverkehrs zwischen Frankreich und Deutschland sowie zwischen Luxemburg und Deutschland. Einsätze erfolgen über die Grenzübergänge Forbach, Luxembourg, Apach und Kehl/Strasbourg. Daneben sind auch innerdeutsche Leistungen im Personenverkehr nach Kaiserslautern, Heilbronn und Stuttgart vorgesehen.

Technische Daten

Achsformel	Bo'Bo'
Länge über Puffer	17940 mm
Dienstmasse	82,5 t
Art des Antriebs	Gummiring-Kardan
Stundenleistung	3300 kW
Anfahrzugkraft	277 kN
Höchstgeschwindigkeit	160 km/h

Vierachsige Viersystemlokomotive

Dem Europagedanken folgend, beschaffte die DB 1967 insgesamt fünf Elektroloks mit Eignung für vier verschiedene Stromsysteme, die als Baureihe 184 eingereiht wurden

Die „Europa-Lokomotive“ BR 184 war für vier Stromsysteme konzipiert

Krupp, AEG und BBC lieferten die Lokomotiven 184 001-003 und 184 111 sowie 112.

Der Fahrzeugteil entspricht der Baureihe 181.0; es waren jedoch ursprünglich vier Einholmstromabnehmer Typ SBS 65 für 15 kV, 16 2/3 Hz und 25 kV, 50 Hz Wechselstrom bzw. 1,5 kV und 3 kV Gleichtrom vorhanden. Die schadanfällige Gleichstromausrüstung wurde später stillgelegt und zwei der vier Stromabnehmer entfernt. Planmäßige Einsätze unter dem holländischen 1,5 kV-Gleichstromnetz kamen überhaupt nicht zustande.

Die noch eingesetzte 184 003 trägt den ozeanblau/beigen Anstrich. Der Einsatz erfolgt zusammen mit der 181 001 von Trier aus im Güterverkehr nach Frankreich.

Technische Daten

Achsformel	Bo'Bo'
Länge über Puffer	16950 mm
Dienstmasse	84 t
Art des Antriebs	Gummiring-Kardan
Stundenleistung	3240 kW
Anfahrzugkraft	275 kN
Höchstgeschwindigkeit	150 km/h

Vierachsige Diesellok

Die Baureihe 202 ist heute die am meisten verbreitete Diesellok der V 100-Klasse der DR. Die stärkste Variante der Reichsbahn-V 100 über 300 kW mehr als die Ursprungsversion stellen die 65 Maschinen der Reihe 204 dar

Die mit einem 883 kW starken Motor ausgestatteten Maschinen der Baureihe 202 waren und sind die in der größten Stückzahl vorhandene Baureihe dieser Gruppe. Von LEW in in Hennigsdorf gebaut, erhielten die Loks ab 1981 anläßlich von Hauptuntersuchungen im Ausbesserungswerk Stendal neue Motoren. Bei planmäßigen Untersuchungen wurden ab 1983 insgesamt 65 Lokomotiven der Baureihe 201 noch stärker motorisiert und zunächst als 114, heute als Reihe 204 bezeichnet. Außer der erhöhten Leistung unterscheidet sich die BR 204 nicht von ihrer Schwesterbaureihe 202. Auch das Einsatzgebiet der Baureihe 204 ist in der Regel mit dieser Baureihe identisch.

Die 202 und alle anderen Typen dieser Bauart besitzen einen geschweißten Hauptrahmen, auf dem mittig das Führerhaus und beidseitig davon die schmaleren Maschinenraumhauben aufgesetzt sind. Sie sind in Leichtbauweise erstellt und erfüllen keine tragenden Funktionen. Unter dem Hauptrahmen hängt der Kraftstoffbehälter zwischen den beiden zweiachsigen Drehgestellen. Der Aufbau stützt sich über Schraubenfedern auf den Drehgestellen ab. Nahezu alle Maschinen der Baureihen 201 und 202 sind im klassischen Rot der DR lackiert. Einige wenige Loks der Reihe 202 und 204 tragen den oriengroten Anstrich. Die Lokomotiven verfügen über einen aufgeladenen Zwölf-

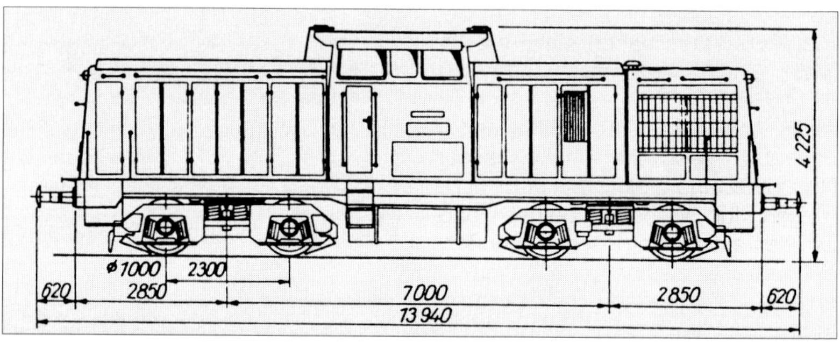

Die Maschinen der Baureihen 202 und 204 sind die typischen Nebenbahn-Lokomotiven der DB in den östlichen Bundesländern

zylinder-Kurzhub-Viertakt-Dieselmotor (Typ 12 KVD AL 4 und AL 5 mit Ladeluftkühlung), dessen Leistung von 883 bzw 1100 kW je nach Baureihe unterschiedlich eingestellt ist. Über eine Gelenkwelle ist der Motor mit dem Strömungsgetriebe verbunden. Von hier übertragen Gelenkwellen die Antriebskraft zu den Radsatzgetrieben der zweiten und dritten Achse. Diese wiederum haben eine Gelenkwellenverbindung zur ersten bzw. vierten Achse. Der Dieselmotor wird über einen elektrischen Stellmotor in sechs Fahrstufen geschaltet. Alle Loks der Reihe 202 und 204 sind mit Einrichtungen für Wendezugbetrieb und Doppeltraktion vorgesehen. Außerdem verfügen sie über die üblichen Sicherheitseinrichtungen und Zugbahnfunk.

Im Gegensatz zur Baureihe 202 wird der Bestand der Baureihe 204 noch voll unterhalten und nicht durch Abstellungen dezimiert. Die BR 204 ist im Osten Deutschlands beheimatet und bespannt Reise- und Güterzüge, letztere teilweise auch in Doppeltraktion.

Technische Daten

Achsformel	B'B'
Länge über Puffer	13940/14240[1)2)] mm
Dienstmasse	64 t
Art des Antriebs	hydraulisch
Motorleistung	883/1100[2)] kW
Anfahrzugkraft	206/225,5[1)]/207[2)] kN
Höchstgeschwindigkeit	100 km/h

[1)] BR 202.0-1 bzw 202.2-8

Vierachsige Diesellokomotive

Für den Einsatz vor InterCity-Zügen zwischen Hamburg und Berlin benötigte die Deutsche Bahn 1996 kurzfristig eine für 160 km/h Höchstgeschwindigkeit geeignete Diesellok

Die zulässige Höchstgeschwindigkeit unterscheidet die 210.4 von der 218

Ab 29. September 1996 wurde die InterCity-Linie 8 zwischen Hamburg und München über Berlin auf Betrieb mit Wendezugsteuerwagen und BR 120 umgestellt. Wegen der noch nicht geschlossenen Fahrdrahtlücke zwischen Nauen und Berlin Zoologischer Garten mußten die kompletten Garnituren dort mit Dieseltraktion geschleppt werden. Dafür wählte die DB zwölf in besonders gutem Unterhaltungszustand befindliche 218.4 aus und erwirkte beim Eisenbahn-Bundesamt die Zulassung für 160 km/h. Technische Veränderungen fanden nicht statt.

Seit Aufnahme des elektrischen Betriebs werden die Maschinen wieder zusammen mit „gewöhnlichen" 218 von Lübeck aus eingesetzt.

Technische Daten

Achsformel	B'B'
Länge über Puffer	16400 mm
Dienstmasse	78,5 t
Art des Antriebs	hydraulisch
Motorleistung	2061 kW
Anfahrzugkraft	235,2 kN
Höchstgeschwindigkeit	160 km/h

Vierachsige Diesellokomotive

Um auf Nebenstrecken den Verkehr zu rationalisieren, ließ die DB eine Diesellok konstruieren, die auch Leistungen im Personen- und Güterverkehr auf Hauptstrecken übernehmen konnte

Die meisten der schwächeren Bundesbahn-V 100 sind heute ausgemustert

Die von MaK entwickelte BR 211 wurde auch von Jung, KHD, Krauss-Maffei, der Maschinenfabrik Esslingen, Henschel und Krupp gebaut. Von 1958-1963 lieferten diese Hersteller die Vorserienloks 211 001-005 und die Serienausführung 211 007-365. Die freie Nummer 006 nahm zunächst eine stärker motorisierte Lok ein, die später als 212 001 bezeichnet wurde.

Auf dem stabilen Lokrahmen sitzen die beiden schmalen Vorbauhauben und das die ganze Breite des Rahmens einnehmende Führerhaus. Letzteres ist auf Gummileisten befestigt. Wartungsklappen und seitliche Schiebetüren ermöglichen den Zugang zu den technischen Aggregaten der Lokomotive. Die beiden zweiachsigen Drehgestelle sind mit Schraubenfedern gegen den Lokrahmen abgefedert und mittels zweier Rohrstutzen mit diesem verbunden. Durch den Gelenkwellenantrieb konnte der Radstand kurz gehalten werden, was der Lok gute Laufeigenschaften auch auf Strecken mit engen Bögen beschert. Zwischen den Dreh-

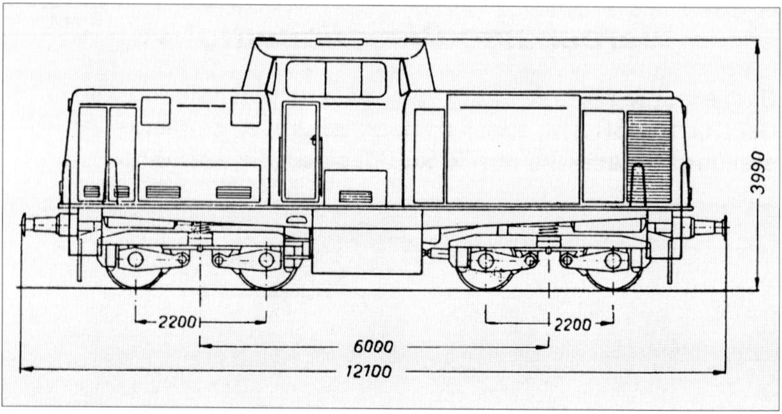

gestellen wurden das Getriebe und die Kraftstoffbehälter angeordnet. Die meisten Loks der BR 211 sind ozeanblau/beige lackiert, einige wenige behielten den alten roten Anstrich und sehr wenige Loks wurden noch in orientrot umlackiert.

Die Loks besitzen einen 12-Zylinder-Motor von MAN oder Maybach, der die Motorleistung über eine elastische Kupplung und eine Gelenkwelle auf das hydraulische Voith-Getriebe überträgt. Zahlreiche Maschinen erhielten bei Motortauschen den MTU-Motor MB 12 V 493 TZ, einige sogar den auch in der 212 verwendeten MB 12 V 652 TZ. Das Voith-Getriebe bietet mit einem Stufengetriebe die Wahl zwischen einem Schnell- und einem Langsamgang. Zur Beheizung von Reisezügen sowie zur Vorwärmung des Kühlwassers ist eine Dampfheizanlage eingebaut. Für die Versorgung der elektrischen Verbraucher ist ein zusätzlicher Hilfsdiesel mit 16 kW Leistung installiert. Ein Teil der Maschinen besitzt eine Wendezugsteuerung. Daneben sind Sifa, Indusi und Zugbahnfunk vorhanden.

Die meisten Lokomotiven der Baureihe 211 wurden mittlerweile außer Dienst gestellt und viele davon an Privatbahnen oder ins Ausland verkauft. Die verbliebenen werden von Hof und Osnabrück aus in untergeordneten Diensten eingesetzt.

Technische Daten

Achsformel	B'B'
Länge über Puffer	12100 mm
Dienstmasse	62 t
Art des Antriebs	hydraulisch
Motorleistung	809/990 kW*
Anfahrzugkraft	176 kN
Höchstgeschwindigkeit	100 km/h

*mit Motor MB 12 V 493 TZ bzw 12 V 652 TZ

Vierachsige Diesellokomotive

Eine erhöhte Motorleistung zeichnet die Nachfolgebaureihe der 211, die BR 212, aus. Ihre Beschaffung ermöglichte die Abstellung fast aller Dampf-Tenderloks der Länderbahnen

Die Maschinen der Reihe 212 fahren heute überwiegend im Güterzugdienst

1963 bis 1966 bauten MaK, Jung, KHD und Henschel insgesamt 380 Loks (212 002-381). Zehn davon wurden wegen abweichender Bremsausrüstung als BR 213 eingereiht.

Technisch unterscheidet sich die BR 212 mit Ausnahme des stärkeren Motors und der hierdurch bedingten 20 cm größeren Länge nicht von der BR 211. Ein großer Teil der Loks ist mit einer Wendezugsteuerung ausgestattet. Äußerlich unterscheidet sich die 212 von ihrer Vorgängerreihe durch das ab 212 022 geänderte Lüftergitter an der Front. Viele Lokomotiven tragen den orientroten Anstrich, die übrigen mit Ausnahme der als Museumslok vorgesehenen 212 023 den ozeanblau/beigen Lack. Die 212 023 ist in Altrot lackiert.

Technische Daten

Achsformel	B'B'
Länge über Puffer	12300 mm
Dienstmasse	63 t
Art des Antriebs	hydraulisch
Motorleistung	990 kW
Anfahrzugkraft	176,4 kN
Höchstgeschwindigkeit	100 km/h

213 Vierachsige Diesellokomotive

Speziell für den Einsatz auf Steilstrecken wurden einige Lokomotiven aus der Serie der Baureihe 212 mit einer leistungsfähigeren Bremsanlage versehen

Die 213er fahren auf den nicht elektrifizierten Strecken des Schwarzwaldes

Die zehn Lokomotiven 213 332-341 wurden 1966 von MaK abgeliefert. Für Steilstrecken besitzen sie eine hydrodynamische Bremse, welche imstande ist, allein in einem Gefälle von 50 Promille einen Zug von 120 Tonnen bei einer Beharrungsgeschwindigkeit von 40 km/h zu halten. Beschafft wurden sie, um im Schwarzwald und im Raum Biedenkopf die hier eingesetzten Dampfloks der BR 94.5 mit Gegendruckbremse zu ersetzen.

Durch das voluminösere Getriebe mußte der Hilfsdieselmotor entfallen. Dafür wurde ein Ladegerät zum externen Laden der Batterie eingebaut.

Die zehn Lokomotiven sind seit Herbst 1998 im Betriebshof Karlsruhe beheimatet und werden von dort auf den nicht elektrifizierten Strecken im Schwarzwald, vornehmlich nach Freudenstadt eingesetzt.

Technische Daten

Achsformel	B'B'
Länge über Puffer	12300 mm
Dienstmasse	63 t
Art des Antriebs	hydraulisch
Motorleistung	990 kW
Anfahrzugkraft	186,2 kN
Höchstgeschwindigkeit	100 km/h

Vierachsige Diesellokomotive

Auf der Baureihe 216 aufbauend, wurde die Baureihe 215 zur Ablösung weiterer Dampflokomotiven beschafft. Mit ihnen kam eine neue Motorengeneration zum Einsatz

Die 215, ab 1968 beschafft, verfügen noch über Dampf-Zugheizeinrichtungen

Henschel, Krupp, Krauss-Maffei und MaK waren 1968-1971 am Bau der 150 Lokomotiven dieser Reihe beteiligt.

Der Untergestellrahmen und der Kastenaufbau bilden eine tragende Einheit. Die zweiachsigen Drehgestelle übertragen mittels eines tiefliegenden Querträgers Zug- und Bremskräfte auf die Drehzapfen des Rahmens. Die Loks sind blau/beige beziehungsweise orientrot lackiert.

Der MTU-Dieselmotor überträgt seine Kraft über ein hydraulisches Getriebe auf die vier Achsen. Zur Beheizung von Reisezügen ist ein Dampfheizkessel der Bauart Vapor-Heating vorhanden, ebenso eine Vielfachsteuerung für Doppeltraktion und Wendezugbetrieb.

Technische Daten

Achsformel	B'B'
Länge über Puffer	16400 mm
Dienstmasse	79 t
Art des Antriebs	hydraulisch
Motorleistung	1397/1840* kW
Anfahrzugkraft	235,2 kN
Höchstgeschwindigkeit	140 km/h

*215 001–010

216

Vierachsige Diesellokomotive

Als erste Baureihe einer sehr erfolgreichen Diesellok-familie entstand die Baureihe 216, die für Mehrzweckdienste auf Haupt- und Nebenbahnen konzipiert wurde

Die Baureihe 216 ist die älteste Type innerhalb der V 160-Familie

Die Auslieferung der 214 Serienlokomotiven dauerte von 1964 bis 1969.

Untergestell und Aufbau bilden eine geschweißte, selbsttragende Einheit. Die Zug- und Bremskräfte werden über tiefliegende Querträger auf die Drehzapfen des Lokomotivrahmens übertragen. Die Abstützung des Lokkastens erfolgt bei den Maschinen über je vier Schraubenfedern pro Drehgestell.

Ein 16-Zylinder-Dieselmotor treibt über ein hydraulisches Getriebe die vier Radsätze an. Ein Teil der Loks ist mit Wendezugsteuerung versehen.

Als älteste Großdiesellok wird die BR 216 zunehmend außer Dienst gestellt. Ihre Aufgaben werden von neuen Triebwagen oder jüngeren Dieselloks übernommen.

Technische Daten

Achsformel	B'B'
Länge über Puffer	16000 mm
Dienstmasse	76,7 t
Art des Antriebs	hydraulisch
Motorleistung	1397 kW
Anfahrzugkraft	235,2 kN
Höchstgeschwindigkeit	120 km/h

Vierachsige Diesellokomotive

Die Baureihe 217 – die mit elektrischer Heizung versehene Variante der BR 215 – kennzeichnet den Übergang zur BR 218. Nur wenige Lokomotiven wurden daher in Dienst gestellt

Auffällig sind die kleinen Auspuff-Aufsätze für den Zusatz-Dieselmotor

Zwischen 1965 und 1968 verließen15 Lokomotiven der Reihe 217 die Werkhallen von Henschel und Krupp: 217 001-003 und 011-022.

Wie bei den übrigen Dieselloks der V160-Familie sind Aufbau und Rahmen als selbsttragende Einheit ausgeführt und verschweißt. Die Abfederung besorgen Schraubenfedern. Die BR 217 ist in Ozeanblau/Beige und Orientrot anzutreffen.

Die Baureihe 217 erhielt einen Zusatz-Dieselmotor für die elektrische Zugheizung.

Zwei Loks sind in die BR 753 umgezeichnet worden, sie werden jedoch zusammen mit den übrigen von Regensburg aus eingesetzt.

Technische Daten

Achsformel	B'B'
Länge über Puffer	16400 mm
Dienstmasse	79,5/81,5* t
Art des Antriebs	hydraulisch
Motorleistung	1397+370* kW
Anfahrzugkraft	235,2 kN
Höchstgeschwindigkeit	130/120* km/h

*Daten für 217 003

218

Vierachsige Diesellokomotive

Mit den einmotorigen Lokomotiven der Baureihe 218 hat die Entwicklung von Großdiesselloks bei der Deutschen Bundesbahn Ende der siebziger Jahre zunächst ein Ende gefunden

Die erfolgreiche Konstruktion ist die Stütze des Verkehrs auf nichtelektrifizierten Hauptbahnen im Bereich der ehemaligen DB. Zwölf Prototypen der BR 218 lieferte Krupp 1968 mit den Nummern 218 001-012 an die DB aus. Die Hauptserie umfaßt 398 Maschinen mit den Nummern 218 101-398 und 218 400-499. Sie wurde 1971-1979 von Henschel, Krauss-Maffei, Krupp und MaK gebaut. Mit der Nummer 218 399 wurde nach der Beseitigung eines Unfallschadens die ehemalige 215 112 in den Bestand eingereiht. Schließlich wurden die ehemaligen Dieselloks der Reihe 210 mit Gasturbinenzusatzantrieb der BR 218 angeglichen und als 218 901-908 eingereiht. 218 401 bis 403 erhielten eine digitale Wendezugsteuerung.

Der Kastenaufbau und der aus Stahlblechen geschweißte Untergestellrahmen bilden eine tragende Einheit. Über tiefliegende Querträger werden die Zug- und Bremskräfte von den beiden zweiachsigen Drehgestellen auf die Drehzapfen übertragen. Ab der 218 299 wurden die Drehgestelle nicht mehr mit Schraubenfedern, sondern mit Flexicoilfedern versehen. Die

218 416 und 418 wurden 1995 für den Touristik-Zug der DB umlackiert

Die Lokomotiven der Reihe 218 werden universell eingesetzt – vor schweren Güterzügen ebenso wie im hochwertigen Reisezugdienst

übrige Lokkonstruktion entspricht der Ursprungsbaureihe 216. Die BR 218 ist in Ozeanblau/Beige und Verkehrsrot anzutreffen. 218 416 und 418 sind für den Touristik-Zug lackiert, vier Maschinen tragen noch den altroten Anstrich und 218 217 (Betriebshof Regensburg) besitzt als Museumslok noch den nur bei ihr angewendeten rot/beigen TEE-Anstrich.

Die BR 218 ist mit verschiedenen Motortypen mit 12 oder 16 Zylindern ausgestattet. Anstelle eines Dampfheizkessels ist ein Generator für elektrische Zugheizung vorhanden; er wird vom Hauptdieselmotor gespeist. Alle Loks sind mit hydrodynamischer Bremse und einer Vielfachsteuerung für Doppeltraktion und Wendezugbetrieb versehen.

Der Einsatz der BR 218 erfolgt auf allen nichtelektrifizierten Hauptstrecken Westdeutschlands. Schwerpunkte der auch weiterhin voll unterhaltenen Baureihe bilden Schleswig-Holstein, der Raum Braunschweig, die Pfalz , Oberpfalz und Bayerischer Wald sowie das Allgäu.

Technische Daten

Achsformel	B'B'
Länge über Puffer	16400 mm
Dienstmasse	78,5 t
Art des Antriebs	hydraulisch
Motorleistung	1840/2061*kW
Anfahrzugkraft	235,2 kN
Höchstgeschwindigkeit	140 km/h

* mit KHD-Motor

Sechsachsige Diesellokomotive

Um Dampfloks auf Nebenstrecken ablösen zu können, beschaffte die Deutsche Reichsbahn die Baureihe 119, die im aktuellen Nummernschema als Reihe 219 bezeichnet wird

Die rumänische Lokfabrik „23. August" lieferte die 200 Lokomotiven 1977-1985 an die Reichsbahn. Von einigen unfallbedingten Ausmusterungen und dem Umbau von 20 Maschinen in die neue Baureihe 229 abgesehen, werden sie bei der DB AG als 219 003-200 im Bestand geführt.

Hauptrahmen und Aufbau der Lokomotive bestehen aus einer geschweißten, gemeinsam tragenden Leichtbaukonstruktion, deren Rahmenkopfstücke für den Einbau einer automatischen Mittelpufferkupplung vorgesehen sind. Die Schneeräumer sind fest am Rahmen befestigt. Mehrere Dachsegmente sind für Wartungszwecke abnehmbar, Maschinenraum und Führerstände schallisoliert. Der über den Führerständen herausragende Dachvorsprung entfällt ab 219 117; zudem ist das dritte Spitzenlicht tiefer angeordnet. Die Rahmen der beiden dreiachsigen Drehgestelle sind komplett geschweißt. Während sich der Lokomotiv-Rahmen an vier Punkten über je drei Flexicoilfedern auf den Drehgestellrahmen abstützt, stützen sich letztere über Schraubenfedern auf die Radsatzlagergehäuse. Die Führung der Radsätze übernehmen Achslenker mit hydraulischen Stoßdämpfern. Die Zug- und Bremskräfte werden von den Drehgestellen über gummigelagerte Drehzapfen auf den Hauptrahmen übertragen. Die BR 219 ist im klassischen DR-Anstrich ebenso zu sehen, wie in verschiedenen Ausführungen des orientroten Anstrichschemas.

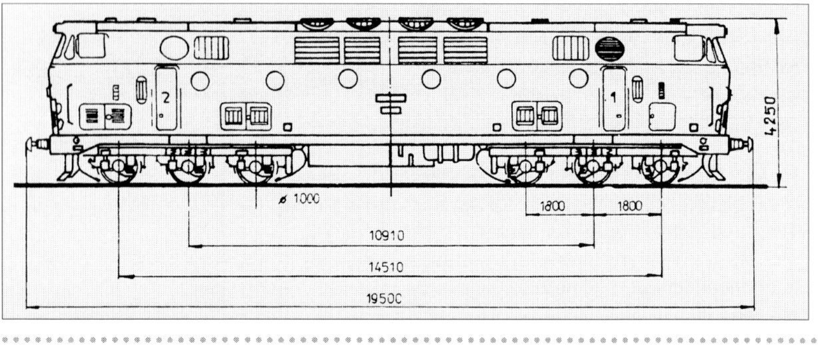

Auffällig an den Lokomotiven 219 001 bis 117 ist der Dachvorsprung im Frontbereich mit dem eingelassenen Spitzenlicht

Ursprünglich war in die BR 219 der Motor MB 820 SR eingebaut. Später sind die Loks mit zwei 12-Zylindor-Dieselmotoren 12 KVD 18/21 AL-4 bzw. AL-5 versehen worden, die mit einer anderen Leistung auch in den Reihen 202 und 204 verwendet werden. Das Drehmoment wird über Gelenkwellen, Strömungsgetriebe und Achsgetriebe jeweils auf alle drei Radsätze eines Drehgestells übertragen. Zwei Lichtmaschinen für die Energieversorgung der Lokomotive sind über das Strömungsgetriebe mit je einem Motor verbunden. Die ersten dreißig Loks besaßen ursprünglich eine Wendezugsteuerung; mittlerweile hat die DB in einer größeren Zahl von Lokomotiven eine modernere Wendezugsteuerung installiert.

Die Baureihe 219 wird im Bereich der ehemaligen Deutschen Reichsbahn in den östlichen Bundesländern im Personen- und Güterverkehr eingesetzt. Schwerpunkte bilden Sachsen, Thüringen, die Oberlausitz und Mecklenburg mit den Betriebshöfen Chemnitz, Görlitz, Saalfeld, Schwerin, und Stendal.

Technische Daten

Achsformel	C'C'
Länge über Puffer	19500 mm
Dienstmasse	96 t
Art des Antriebs	hydraulisch
Motorleistung	2x 883 kW
Anfahrzugkraft	198 kN
Höchstgeschwindigkeit	120 km/h

229

Sechsachsige Diesellokomotive

Für den schnellen Reisezugverkehr auf nichtelektrifizierten Strecken ließ die Deutsche Reichsbahn 1992 bei Krupp in Essen zwanzig Lokomotiven modernisieren

Für den Umbau wurden Lokomotiven der recht neuen Baureihe 219 ausgewählt, von denen nach den Arbeiten aber nur noch die äußere Hülle erhalten blieb. Das gesamte Innenleben wurde ausgetauscht. Nach der Fertigstellung erhielten die Lokomotiven die neue Baureihenbezeichnung 229, behielten aber ihre alten Ordnungsnummern: 229 100, 102, 106, 113, 118, 120, 126, 128, 144, 147, 170, 171, 173, 174, 181, 184, 186, 188, 193 und 199.

Der Lokkasten bildet zusammen mit dem Hauptrahmen eine geschweißte, tragende Leichtbaukonstruktion. Dabei übernimmt der Rahmen auch die Übertragung der Zug- und Stoßkräfte von den Drehzapfen der beiden dreiachsigen Drehgestelle. Weiterhin ist er für die Aufnahme einer automatischen Mittelpufferkupplung vorbereitet und trägt an beiden Enden Schneeräumer. Wie bei der BR 219 sind Führerhäuser und Maschinenraum

Die Umbauten behielten ihre Ordnungsnummer – aus 219 100 wurde 229 100

Die umgebaute 229 120 sonnt sich auf der Drehscheibe des Bw Pankow

schallisoliert und mehrere Dachteile über dem Maschinenraum abnehmbar. Die Drehgestelle sind lauf- und bremstechnisch für die höheren Geschwindigkeiten angepaßt worden. Alle Loks tragen den orientroten Anstrich mit einem weißen Zierstreifen auf Höhe der Stirnlampen sowie einem weißen Kontrastfeld unterhalb der Führerstandsfenster.

Kernstück der Remotorisierung bilden die zwei neuen, aufgeladenen Zwölfzylinder-Motoren des Typs 12 V 396 TE 14. Die Strömungsgetriebe von der Strömungsmaschinen GmbH Dresden und die beiden Generatoren wurden ebenfalls durch modernere Aggregate ersetzt. In den Führerständen sind neue Pulte eingebaut worden, die auch in den Krupp-MaK-Lokomotiven DE 1024, die bei der DB zeitweise als BR 240 fuhren, Verwendung finden. Die Ansteuerung der Fahrmotoren mit einer Taststeuerung ähnelt derjenigen im ICE. Weiterhin sind eine Zugfunkanlage vom Typ MESA 2002, Sifa und Indusi eingebaut.

Von Erfurt aus werden die Loks der BR 229 im Regionalverkehr eingesetzt. Geeignete Einsatzstrecken für die Bespannung schneller Reisezüge sind nach der Elektrifizierung Berlin – Hannover und Berlin – Hamburg mittlerweile kaum noch vorhanden.

Technische Daten

Achsformel	C'C'
Länge über Puffer	19500 mm
Dienstmasse	96 t
Art des Antriebs	hydraulisch
Motorleistung	2x 1380 kW
Anfahrzugkraft	276 kN
Höchstgeschwindigkeit	140 km/h

Sechsachsige Diesellokomotive

Ab 1973 beschaffte die DR eine schwere dieselelektrische Lokomotive für den Reisezug- und Güterverkehr, die zur Ablösung der Dampflok-Reihen 01, 03, 44 und 52 gedacht war

Alle Maschinen wurden von der Lokomotivfabrik „Oktoberrevolution" im russischen Woroschilowgrad von 1973 bis 1982 gebaut. Insgesamt 709 Einheiten erhielt die DR. Nach der letzten Umzeichnung laufen sie als 232 001-709.

Der geschweißte Lokomotivrahmen mit Längs- und Querträgern nimmt zwischen den beiden dreiachsigen Drehgestellen die Kraftstoffbehälter und Batteriekästen auf. Sie sind in die tragende Rahmenkonstruktion eingebunden. Der mit dem Rahmen verschweißte Fahrzeugkasten besteht aus Blechen und Profilen mit seitlichen Verstärkungssicken. Drei der fünf Dachsektionen sind zum Ein- oder Ausbau von Großbauteilen abnehmbar. Der Aufbau stützt sich mit vier sogenannten Abstützrückstelleinrichtungen je Drehgestell ab. Zwischen den Drehgestellrahmen und jedem Radsatzlagergehäuse arbeiten zwei Schraubenfedern mit Reibungsstoßdämpfern. Die sechs Radsätze sind seitenverschiebbar und laufen in außenliegenden Rollenlagern. Die BR 232 kann bei der DB im alten DR-Rot, in Orientrot sowie in Verkehrsrot angetroffen werden.

Für den Antrieb steht ein 16-Zylinder-Dieselmotor mit Wasserkühlung zur Verfügung. Die Kraftübertragung geschieht über einen mit einem halbelastischen Getriebe direkt am

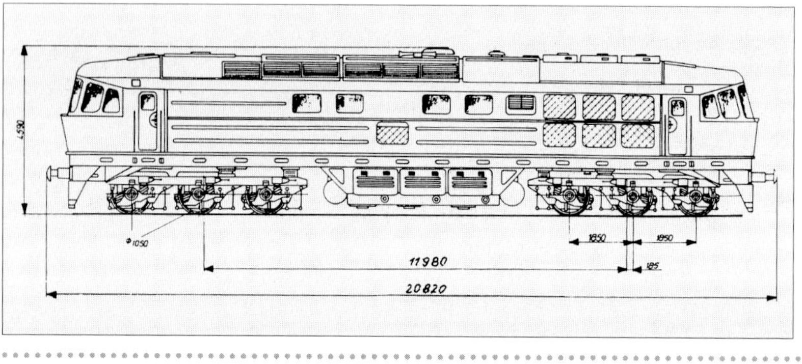

1997 wurde die 232 237 im Werk Cottbus für DB Cargo remotorisiert. Sie trägt jetzt die neue Betriebsnummer 232 800

Motor angeflanschten Traktionsgenerator, der den Gleichstrom für die Fahrmotoren erzeugt. Sechs Gleichstrom-Tatzlagermotoren sind vorhanden; sie werden in Reihe geschaltet. Der Fahrschalter gesattet die Wahl zwischen einem Leerlauf und 15 Fahrstufen. Ein Heizgenerator und eine elektrische Widerstandsbremse gehören zu Serienausstattung der Baureihe.

Anläßlich von Grundüberholungen wurden einige Maschinen auch technisch überarbeitet und für 140 km/h zugelassen. Sie erhielten die neue Baureihenbezeichnung 234. Mehrfach wurden Lokomotiven der Reihe 232 remotorisiert; so erhielt 1997 die 232 237 einen russischen 4000-PS-Motor.

Der Einsatz der Reihe 232 erfolgt vor Personen- und Güterzügen vorwiegend in den östlichen Bundesländern. Als südlichste Punkte werden Schweinfurt (aus Erfurt/Meiningen) und Nürnberg/Regensburg (aus Reichenbach) angefahren. Die Loks werden auch im Güterverkehr im Ruhrgebiet eingesetzt, wo sie die Doppeltraktionen der Baureihe 216 ersetzt haben.

Technische Daten

Achsformel	Co'Co'
Länge über Puffer	20820 mm
Dienstmasse	122 t
Art des Antriebs	elektrisch
Motorleistung	2200* kW
Anfahrzugkraft	340 kN
Höchstgeschwindigkeit	120 km/h

* 232 800: 2940 kW

Sechsachsige Diesellokomotive

Einige Loks der Baureihe 232 wurden ab 1991 vor allem mit Blick auf den beginnenden InterCity-Verkehr im Netz der DR für eine Geschwindigkeit von 140 km/h umgebaut

Die 234 304 blieb mit ihrem türkisen Anstrich ein Einzelstück

Für die Höchstgeschwindigkeit von 140 km/h mußte bei den Lokomotiven die Antriebsübersetzung geändert und das Bremssystem angepaßt werden. Optische Veränderungen ergaben sich nicht. Als Einzelstück erhielt die 234 304 einen türkisen, zu den Regionalbahnwagen passenden Anstrich. Ein Teil der BR 234 wurde zusätzlich mit der zeitmultiplexen Wendezugsteuerung (ZWS) und Doppeltraktionssteuerung (ZDS) ausgestattet, um im Nahverkehr mit Wendezügen eingesetzt werden zu können. Sie sind mit Sifa, Indusi und Zugbahnfunk ausgestattet.

Die Lokomotiven werden im Reisezugdienst eingesetzt und bestreiten dabei auch den S-Bahnverkehr zwischen Dresden und Arnsdorf.

Technische Daten

Achsformel	Co'Co'
Länge über Puffer	20820 mm
Dienstmasse	122 t
Art des Antriebs	elektrisch
Motorleistung	2200 kW
Anfahrzugkraft	250 kN
Höchstgeschwindigkeit	140 km/h

Sechsachsige Diesellokomotive

Die in den USA bei GM gebaute Diesellok fährt für das Unternehmen DB-Yeoman GmbH, einer 51%igen Tochter der DB AG, Baustoffzüge im Großraum Berlin

Der „Yeoman Highlander" 259 003 mit einem Logistik-Zug bei Henningsdorf

Die DB AG und das britische Baustoffunternehmen Foster-Yeoman gründeten 1997 gemeinsam die DB-Yeoman GmbH; Aufgabe der neuen Firma ist die Beförderung von Baustoffen zwischen den Seehäfen und Großbaustellen im DB-Bereich. Yeoman hatte fünf dieser bei General Motors in den USA im Jahre 1985 gebauten Maschinen erhalten und auf dem Streckenetz Großbritanniens unter der Baureihenbezeichnung 59 eingesetzt. Die 59 003 wurde für den Einsatz in Deutschland ausgewählt und erhielt die Nummer 259 003-2.

Die Lokomotive ist im Betriebshof Seddin stationiert und kommt im Baustoffverkehr zwischen den Seehäfen und Berlin zum Einsatz.

Technische Daten

Achsformel	Co'Co'
Länge über Puffer	21 300 mm
Dienstmasse	126 t
Art des Antriebs	elektrisch
Motorleistung	2300 kW
Anfahrzugkraft	kN
Höchstgeschwindigkeit	100 km/h

290

Vierachsige Diesellokomotive

Neben der heutigen Baureihe 360 wurde für den schweren Rangierdienst eine stärkere Diesellok benötigt. Aus der 212 weiterentwickelt, entstand die Baureihe 290

Bei der BR 290 hielt die DB an der hydraulischen Leistungsübertragung fest

Auf dem Lokrahmen sind zwei Vorbauten und das Führerhaus montiert. Der Rahmen ist besonders robust ausgeführt. Er stützt sich über Gummischubfedern und Schraubenfedern auf den zweiachsigen Drehgestellen ab. Die Pufferbohlen wurden als Verschleißpufferbohlen ausgeführt.

Ein Zwölfzylinder-Dieselmotor treibt über ein hydraulisches Getriebe sowie über Gelenkwellen die vier Radsatzgetriebe an. Seit 1995 werden viele Loks mit Funkfernsteuerung versehen und als BR 294 bezeichnet.

Zusammen mit ihren Schwesterbaureihen 291, 294 und 295 werden die 290er im schweren Verschub und vor Nahgüterzügen eingesetzt.

Technische Daten

Achsformel	B'B'
Länge über Puffer	14320 mm
Dienstmasse	78,8 t
Art des Antriebs	hydraulisch
Motorleistung	809 kW
Anfahrzugkraft	231,5 kN
Höchstgeschwindigkeit	80 km/h

Vierachsige Diesellokomotive

An die Lieferung der Baureihe 290 schloß sich die Beschaffung von 100 Loks BR 291 an, die einen überarbeiteten Motor aufweisen, sonst mit der BR 290 aber weitgehend identisch sind

Schon äußerlich ist die enge Verwandschaft der 291 mit der 290 erkennbar

Der Aufbau der Lokomotive entspricht dem der BR 290. Wartungsklappen an den vorderen und hinteren Vorbauten ermöglichen den Zugang zu den Aggregaten und zum Fahrmotor. Das Führerhaus ist schallisoliert und besitzt im Fußboden Wartungsklappen für das darunter angeordnete Getriebe.
Technisch gibt es mit Ausnahme des hier verwendeten Achtzylinder-Motors keine Änderungen gegenüber der Baureihe 290.
Eine größere Anzahl von Maschinen wurde bereits mit Funkfernsteuerung ausgerüstet und in die neue Baureihe 295 umgezeichnet. Drei bereits 1965 gelieferte Versuchsloks sind als 291 903-905 eingereiht.

Die BR 291 ist in Niedersachsen, Bremen und Hamburg zuhause und wird oft in den Seehäfen eingesetzt.

Technische Daten

Achsformel	B'B'
Länge über Puffer	14320 mm
Dienstmasse	78,8 t
Art des Antriebs	hydraulisch
Motorleistung	809 kW
Anfahrzugkraft	235,2 kN
Höchstgeschwindigkeit	80 km/h

294

Vierachsige Diesellokomotive

Um Personalkosten im Rangierdienst einzusparen, begann die DB in den achtziger Jahren, verschiedene Baureihen mit Funkfernsteuerungen zu versehen

Die an der Zugvorrichtung montierte Kupplungsklaue wird ferngesteuert

Von 1995-1997 baute das Werk Bremen der DB 250 Lokomotiven der Baureihen 290 und 291 um. Nach dem Einbau der Funkfernsteuerung sind die Loks an den fernbedienbaren Kupplungen und Kontrollampen an den Führerhausseitenwänden erkennbar

Die Fernsteuerung ermöglicht es dem Triebfahrzeugführer, die Lokomotive von einem Steuergerät aus zu steuern. Neben den Fahrbefehlen können auch die Kupplungsvorgänge automatisch ausgeführt werden. Der Bediener selbst muß dabei nicht in unmittelbarer Nähe der Lokomotive sein.

Der Einsatz der Baureihe 294 ist mit dem der Baureihe 290 weitgehend identisch, so daß auch diese Baureihe im Bereich der ehemaligen Bundesbahn flächendeckend eingesetzt wird.

Technische Daten

Achsformel	B'B'
Länge über Puffer	14320 mm
Dienstmasse	78,8 t
Art des Antriebs	hydraulisch
Motorleistung	809 kW
Anfahrzugkraft	231,5 kN
Höchstgeschwindigkeit	80 km/h

Vierachsige Diesellokomotive

Nicht nur die BR 290 wurde von der DB zum Einbau einer Funkfernsteuerung bestimmt, auch die verwandte Baureihe 291 wurde in dieses Programm einbezogen. Es entstand die BR 295

Die Tiefsichtfenster weisen auf die Bestimmung als Rangierlok hin

Seit 1995 werden im Werk Bremen Loks der BR 291 umgebaut und mit Funkfernsteuerung versehen.

Krauss-Maffei und Theimec haben die „KM direkt Steuerung" entwickelt, die in allen Maschinen der Baureihen 294 und 295 verwendet wird. Weitere Änderungen an der Konstruktion der BR 291 wurden bei dem Umbau nicht vorgenommen. So besitzen sie weiterhin den Achtzylinder-Motor von MaK und nicht den in den Reihen 290 und 294 verwendeten Zwölfzylinder-Motor von MTU. Die umgebauten Loks sind entweder in Ozeanblau/Beige oder Orientrot lackiert.

Der Einsatz der BR 295 erfolgt im schweren Verschub, wobei mit dem Heimat-Betriebshof Kassel erstmals auch Lokomotiven außerhalb von Niedersachsen, Bremen und Hamburg stationiert wurden.

Technische Daten

Achsformel	B'B'
Länge über Puffer	14320 mm
Dienstmasse	78,8 t
Art des Antriebs	hydraulisch
Motorleistung	809 kW
Anfahrzugkraft	235,2 kN
Höchstgeschwindigkeit	80 km/h

298 Vierachsige Diesellokomotive

Die DR beschaffte bereits aus der BR 201 abgeleitete Rangierloks, die zuletzt als Reihe 293 verkehrten. Zusammen mit originalen 201 wurden die meisten zur Reihe 298 umgebaut

Die hydrodynamische Bremse der 298 entwickelt eine Kraft von 170 kN

Die Baureihe 298 setzt sich aus 35 Loks der ehemaligen Reihe 293 und vielen der ehemaligen BR 201 zusammen. Letztere haben ihre alte Ordnungsnummer behalten, während die 293 die Unterbauart 298.3 bilden.

Gegenüber der Ursprungsbauart weist die 298 keine Dampfheizung auf. Die Steuerung des Fahrmotors geschieht über eine Auf-Ab-Steuerung, das Strömungsgetriebe dient zugleich als hydrodynamische Bremse. Seit 1997 werden zudem alle Loks der BR 298 mit einer Funkfernsteuerung analog den Baureihen 290 und 291 ausgerüstet. Ursprünglich orange lackiert, werden die 298er anläßlich dieses Umbaus in das aktuelle verkehrsrote Farbschema gebracht und seitlich mit „DB Cargo“ beschriftet.

Technische Daten

Achsformel	B'B'
Länge über Puffer	14240/13940* mm
Dienstmasse	62,2 t
Art des Antriebs	hydraulisch
Motorleistung	750 kW
Anfahrzugkraft	220 kN
Höchstgeschwindigkeit	80 km/h

*298.0–1

Zweiachsige Rangierlokomotive

Die als Köf II bekannte Baureihe 310 ist die klassische Kleinlokomotive in Deutschland. Erstmals in den dreißiger Jahren gebaut, war sie für Jahrzehnte im Verschub nicht wegzudenken

Diese Kleinloks, einst typisch für kleinere Bahnhöfe, sind selten geworden

Die DR übernahm nach dem Zweiten Weltkrieg eine große Zahl von Kleinloks der Leistungsklasse II und baute ab 1960 noch 32 Maschinen nach. Hersteller der älteren Exemplare waren BMAG, Borsig, Henschel, Jung, KHD, Krupp und O & K.

Die Loks besitzen einen kastenförmig geschweißten Blechträgerrahmen, einen schmalen Motorvorbau und ein tiefliegendes, ebenerdig erreichbares Führerhaus. Alle Loks sind in Schwarz lackiert und besitzen als Kontrast dazu rote Pufferbohlen. Der Antrieb erfolgt vom Motor über ein mechanisches oder hydraulisches Getriebe und Rollenketten auf beide Radsätze.

Die Loks werden überwiegend für Rangierdienste auf kleineren Bahnhöfen und Arbeitszugdienste eingesetzt.

Technische Daten

Achsformel	B
Länge über Puffer	6450 mm
Dienstmasse	17 t
Art des Antriebs	mechanisch, hydraulisch
Motorleistung	92 kW
Anfahrzugkraft	39,2 kN
Höchstgeschwindigkeit	30 km/h

311

Zweiachsige Rangierlokomotive

Im DR-Neubauprogramm war eine leichte Rangierdiesellok vorgesehen, die Vorkriegskleinloks ersetzen sollte. Als Ergebnis der Konstruktionsarbeiten enstand die heutige BR 311

Die Radsätze werden über eine Blindwelle und Kuppelstangen angetrieben

Zwischen 1959 und 1964 lieferte LKM Babelsberg über 350 dieser zweiachsigen Stangenloks.

Der Aufbau besteht aus Führerhaus und Motorvorbau. Das Dach des Vorbaus ist zum Austausch der Aggregate abnehmbar. Die Radsätze sind im Innenrahmen gelagert. Sie werden über Blattfedern abgefedert. Die Loks sind mit Sechszylinder-Viertakt-Dieselmotoren ausgestattet. Die Kraftübertragung erfolgt über eine drehelastische Kupplung, Gelenkwelle, Strömungsgetriebe und das Wendegetriebe auf die Blindwelle.

Der leichte Rangierdienst ist die Aufgabe der BR 311, die noch auf zahlreichen Bahnhöfen der neuen Bundesländer eingesetzt ist. Der Bestand wird permanent reduziert.

Technische Daten

Achsformel	B
Länge über Puffer	6940 mm
Dienstmasse	21,5 t
Art des Antriebs	hydraulisch
Motorleistung	162 kW
Anfahrzugkraft	66 kN
Höchstgeschwindigkeit	42 km/h

Zweiachsige Rangierlokomotive

Die BR 312 markiert den Abschluß der Beschaffung leichter Rangierlokomotiven durch die DR. Zwei äußerlich unterschiedliche Bauserien entstanden 1968/69 und 1970/71

Der eckige Lokkasten weist die 312 126 als Lok der zweiten Bauserie aus

Die erste Bauserie umfaßte 81 Loks der Baujahre 1968/69, die der BR 311 äußerlich entsprechen. 1970/71 folgten Maschinen der zweiten Serie mit eckigem Lokkasten, die als 312 101-257 bei der DB eingereiht sind.

Die Loks entsprechen konstruktiv der BR 311. Die 312.1 besitzen einen Zugang zum Führerhaus über die hintere Plattform. Der Aufbau stützt sich an vier Punkten über Blattfedern auf die Radsätze ab. Die Loks besitzen einen Sechszylinder-Viertakt-Reihenmotor des Typs 6 VD 18/15-1 des Elbewerks Roßlau.

Während der Bestand der 312.0 deutlich reduziert wurde, wird die neuere Bauart weiter unterhalten.

Technische Daten

Achsformel	B
Länge über Puffer	6940/8000* mm
Dienstmasse	23/24,3* t
Art des Antriebs	hydraulisch
Motorleistung	162 kW
Anfahrzugkraft	80/71* kN
Höchstgeschwindigkeit	55/40* km/h

*312.0/312.1–2

323 Zweiachsige Rangierlokomotive

Über sechzig Jahre war der Anblick der Köf II auf vielen deutschen Bahnhöfen vertraut. Nun werden nur noch sehr wenige für Arbeitszugdienste oder als Reserveloks vorgehalten

In den dreißiger Jahren begann die DRG mit der Beschaffung der zweiachsigen Kleindiesellok. Vor allem auf kleineren Bahnhöfen sollte sie den Verschub übernehmen und dafür sorgen, daß die Güterzüge durch wengier Aufenthalte beschleunigt werden konnten. 887 Loks wurden von 1932-1938 durch BMAG, Borsig, Henschel, Jung, KHD, Krupp und O & K gebaut. Weitere folgten während des Zweiten Weltkrieges für Wehrmachtseinsätze. Die DB übernahm schließlich 444 Loks und beschaffte zwischen 1952 und 1965 vor allem bei Gmeinder und KHD weitere 731 Maschinen neu. Sie wurden in den Baureihen 322-324 zusammengefaßt.

Der Fahrzeugteil setzt sich zusammen aus dem Rahmen, dem Führerstand, dem Vorbau und dem Laufwerk. Der Rahmen ist ein kastenförmig geschweißter Blechträger. In Ausschnitten der Rahmenwangen sind die beiden Radsätze gelagert. Das tiefliegende Führerhaus beinhaltet an der Vorderseite den von beiden Seiten bedienbaren Führertisch und darüber den Kraftstoffbehälter. Die ursprünglich weitgehend offenen Seiten der Führerhäuser, deren Einstiege mit Tüchern

Die Köf mit Druckluftbremse erkennt man an den großen Luftbehältern

Die geringe Bauhöhe des Führerstandes kommt dem Kleinlokbediener entgegen, der oft zugleich als Rangierer tätig ist und häufig auf- und absteigt

verhängt werden konnten, verliehen den Loks auch den Namen „Säcke-Köf“. Fast alle heute noch im Bestand befindlichen Loks besitzen nach Umbauten hingegen winterfeste Führerhäuser mit Schiebefenstern und zwei Einstiegstüren. Der Vorbau ist für Wartungszwecke am Motor mit Klappen versehen und auch als Ganzes abnehmbar. Alle DB-Kleinloks der Reihen 323 und 324 sind noch im klassischen Rot der sechziger Jahre lackiert.

Der Sechszylinder-Dieselmotor von Deutz oder Kaelble treibt über ein mechanisches oder hydraulisches Getriebe und Rollenketten die beiden Achsen an. Die Neubaukleinloks waren bereits ab Werk mit einer Druckluftbremse und einer mechanischen, über ein Fußpedal zu bedienenden Bremse ausgestattet. Teilweise sind die Loks auch mit zwei auf dem Vorbau liegenden Hauptluftbehältern ausgerüstet. Die älteren Loks wurden entsprechend modernisiert.

Rund 30 Kleinloks der Baureihen 323 sind noch im aktiven Einsatz-Bestand der DB. Ihre Abstellung erfolgt beim Auftreten von Schäden oder Fristabläufen, da sie keine größeren Untersuchungen mehr erhalten.

Technische Daten

Achsformel	B
Länge über Puffer	6450 mm
Dienstmasse	17 t
Art des Antriebs	hydraulisch
Motorleistung	94 kW
Anfahrzugkraft	27,5 kN
Höchstgeschwindigkeit	45 km/h

332

Zweiachsige Rangierlokomotive

Zur Modernisierung ihres Kleinlokbestands ließ die Deutsche Bundesbahn eine stärker motorisierte Kleindiesellok der Leistungsgruppe III entwickeln

Bei der 332 geschieht die Leistungsübertragung noch über Rollenketten

Gmeinder, Jung und Orenstein & Koppel waren am Bau der 317 Lokomotiven beteiligt, die von 1959 bis 1966 in Dienst gestellt wurden.

Auf dem geschweißten Rahmen sind das Führerhaus und der Vorbau montiert. Innerhalb des Rahmens wurde der Kraftstoffbehälter plaziert. Im Führerhaus ist der Führertisch von beiden Seiten zu bedienen.

Als Antrieb dient ein Achtzylinder-Dieselmotor der Motorenwerke Mannheim. Die Leistungsübertragung auf die beiden Radsätze erfolgt über Rollenketten.

Mit der ständigen Reduzierung der Rangieraufgaben bei der Deutschen Bahn wird auch der Bestand dieser Kleinloks, die bislang noch bundesweit eingesetzt werden, abnehmen.

Technische Daten

Achsformel	B
Länge über Puffer	7830 mm
Dienstmasse	22 t
Art des Antriebs	hydraulisch/Ketten
Motorleistung	177 kW
Anfahrzugkraft	83,4 kN
Höchstgeschwindigkeit	45 km/h

Zweiachsige Rangierlokomotive

Der Bestand der Baureihe 332 wurde ergänzt durch die Reihe 333, die technisch weiterentwickelt wurde und bislang das Ende der Kleinlokentwicklung darstellt

Bei der 333 übertragen Gelenkwellen das Drehmoment zu den Radsatzgetrieben

Von 1965 bis 1978 lieferte die Industrie in Gestalt der Firmen Gmeinder, Jung und Orenstein & Koppel 251 Kleindieselloks der Reihe 333.

Konstruktiv lehnt sich die BR 333 stark an ihre Vorgängerbauart an. Die Kraftübertragung erfolgt jedoch nicht durch Rollenketten, sondern ab dem Wendegetriebe über Gelenkwellen auf die beiden Radsätze. Zusätzlich fällt ab der 333 102 der kreisrunde Lüfterausschnitt in der Front auf. Ab der 333 182 baute man einen Sechszylinder-Motor D 601-6 des Motorenwerks Mannheim ein. Er ist genauso stark wie der zuvor eingebaute Achtzylinder-Motor. Nahezu alle Loks dieser Baureihe sind mittlerweile mit Funkfernsteuerung ausgestattet.

Der Einsatz erfolgt im leichten Rangier- sowie Arbeitszugdienst.

Technische Daten

Achsformel	B
Länge über Puffer	7830 mm
Dienstmasse	22 t
Art des Antriebs	hydraulisch/Gelenkw.
Motorleistung	177 kW
Anfahrzugkraft	83,4 kN
Höchstgeschwindigkeit	45 km/h

335

Zweiachsige Rangierlokomotive

Um Personalkosten im Rangierdienst einzusparen, ließ die DB eine große Zahl von Kleinloks der Reihe 333 mit einer Funkfernsteuerung ausrüsten

Die funkferngesteuerten Loks erkennt man an der automatischen Kupplung

1984 wurden 333 108, 114 und 138 als erste Maschinen versuchsweise mit einer Fernsteuerung versehen. Nach Auswertung der Versuchsergebnisse begann 1986 die weitere Ausrüstung von Loks der BR 333 mit Funkfernsteuerung, die 1988 in die Baureihe 335 umgezeichnet wurden. Von außen ist den Maschinen der Umbau an den Kontrolleuchten an den Führerhausseitenwänden anzusehen. Außerdem mußte an der Rückfront ein Kasten angebracht werden, der die Steuergeräte aufnimmt. Für die Fernbedienung verfügt der Kleinlokführer über ein mobiles Steuergerät. Von hier sind alle relevanten Steuerbefehle möglich.

Die Baureihe 335 wird im leichten Rangier- und Arbeitszugdienst eingesetzt; einige Loks sind mittlerweile auch auf Bahnhöfen im Bereich der ehemaligen Deutschen Reichsbahn stationiert.

Technische Daten

Achsformel	B
Länge über Puffer	7830 mm
Dienstmasse	22 t
Art des Antriebs	hydraulisch/Gelenkw.
Motorleistung	177 kW
Anfahrzugkraft	83,4 kN
Höchstgeschwindigkeit	45 km/h

Vierachsige Rangierlokomotive

Um die Wirtschaftlichkeit zu erhöhen, wurden bei einigen Lokomotiven der Baureihe 345/346 die Motoren gedrosselt und ein neues Strömungsgetriebe eingebaut

Die Loks behielten ihre alten Ordnungsnummern: aus 345 125 wurde 344 125

Die Lokomotiven der Baureihe 345/346 können auf verschiedenen bahnhöfen wegen hoher Leerlauf- und teillastanteile nicht wirtschaftlich arbeiten.

Seit 1991 wurde darum bei einigen Loks die Nennleistung der Dieselmotoren auf 365 kW gedrosselt und die maximale Drehzahl von 1500 auf 1100 U/min abgesenkt. Zugleich kamen neue Strömungsgetriebe mit je einem Anfahr- und einem Marschwandler zum Einbau. Bei gleicher Anfahrzugkraft und nahezu gleicher Zugkraft im unteren Geschwindigkeitsbereich ist durch diese Maßnahmen eine Einsparung von 15 t Dieselkraftstoff pro Lokomotive und Jahr möglich geworden.

Technische Daten

Achsformel	D
Länge über Puffer	10880 mm
Dienstmasse	55 t
Art des Antriebs	hydraulisch
Motorleistung	365 kW
Anfahrzugkraft	198 kN
Höchstgeschwindigkeit	60 km/h

345/346

Vierachsige Rangierlok

1960 begann die Beschaffung der Baureihe V 60.10, der am weitesten verbreiteten DR-Rangierlok. Die heute als BR 345/346 bekannte verstärkte Variante wurde seit 1964 in Dienst gestellt

LKM Babelsberg und LEW Hennigsdorf lieferten bis 1982 insgesamt über 1100 Loks der V 60-Type. Als die Reihe 106 (heute 346) belegt war, wurde die weiter gelieferten Loks als 105 001-165 (heute 345 001-165) genummert.

Der geschweißte Blech-Innenrahmen ist mit einer angeschweißten Deckplatte versehen. Wegen der Beanspruchung im Rangierdienst wurde die Längsversteifung besonders kräftig ausgeführt.
Die beiden Vorbauten und das Führerhaus sind auf dem Rahmendeckblech befestigt. Während unter dem vorderen (längeren) Aufbau der Dieselmotor, das Verteilergetriebe, die Lichtanlaßmaschine und der Lüftergenerator untergebracht sind, beherbergt der kürzere Aufbau Kraftstoffbehälter, Druckluftbehälter und Batterien.
Zwischen dem zweiten und dritten Radsatz liegt die Blindwelle. Zur Verbesserung des Bogenlaufs besitzt die Lok zwei Beugniot-Gestelle, in denen jeweils die beiden vorderen und hinteren Radsätze zusammengefaßt sind. Die Seitenverschiebbarkeit der Radsätze beträgt beidseits 25 mm.

In jüngster Zeit erhielten die Loks zunehmend Umlaufgeländer

Der vordere, längere Vorbau nimmt den Dieselmotor und die Hilfsbetriebe auf; im hinteren sind vor allem die Vorräte untergebracht

Den Antrieb besorgt ein Zwölfzylinder-Viertakt-Dieselmotor. Über eine drehelastische Kupplung wird die Antriebsleistung zum Verteilergetriebe und weiter zum dreistufigen Strömungsgetriebe übertragen. Angeflanscht ist ein Nachschaltgetriebe mit einem Rangier- und einem Streckengang, der Wendeschaltung und der Zahnradübertragung zur Blindwelle.

Die Lokomotiven sind überall in den neuen Bundesländern anzutreffen. Der Bestand insbesondere an Maschinen der älteren Baujahre wird jedoch wegen des stark zurückgegangenen Güterverkehrs nach und nach dezimiert.
Mehrere Lokomotiven der BR 345/346 wurden für Sonderzwecke umgebaut. Einige erhileten Scherenstromabnehmern auf dem Führerhausdach. Zusammen mit geschleppten Fahrleitungs-Revisionswagen können sie so bei Arbeiten an der Oberlleitung eingesetzt werden. Der Stromabnehmer dient zur Fahrdrahtkontrolle. Zwei weitere Lokomotiven wurden mit zusätzlichen Mittelpufferkupplungen ausgestattet, um neue S-Bahnzüge vom Herstellerwerk in Hennigsdorf zum Berliner S-Bahnnetz überführen zu können.

Technische Daten

Achsformel	D
Länge über Puffer	10880 mm
Dienstmasse	60 t
Art des Antriebs	hydraulisch
Motorleistung	478 kW
Anfahrzugkraft	198 kN
Höchstgeschwindigkeit	60 km/h

Vierachsige Rangierlokomotive

Eine Besonderheit im Lokpark der DB bilden die 14 Loks der Baureihe 347 mit Breitspurradsätzen. Sie können nur auf dem Fährbahnhof Mukran eingesetzt werden

Die Mittelpufferkupplung der 347 entspricht der russischen Bauart

Die Einrichtung einer Fährverbindung von Mukran auf Rügen nach Klaipeda im heutigen Litauen 1987 erforderte den Einsatz von besonders hergerichteten Lokomotiven im Fährbahnhof. Zum Be- und Entladen der Fähren mit den Breitspurgüterwagen wurden breitspurige Gleisanlagen errichtet, auf denen 14 auf 1520 mm umgespurte Dieselloks der Reihe 345/346 ihren Dienst verrichten. Die Maschinen wurden mit verlängerten Blindwellen, angepaßten Radsätzen und Mittelpufferkupplungen ausgestattet. Sie werden in der Regel in Doppeltraktion eingesetzt.

Der Einsatz ist naturgemäß auf den Fährbahnhof Mukran beschränkt. Bedingt durch den zurückgegangenen Güterumschlag hat die DB die Hälfte der Loks abgestellt.

Technische Daten

Achsformel	D
Länge über Puffer	10880 mm
Dienstmasse	60 t
Art des Antriebs	hydraulisch
Motorleistung	478 kW
Anfahrzugkraft	198 kN
Höchstgeschwindigkeit	60 km/h

Zweiachsige Rangierlokomotive

Siemens Verkehrstechnik entwickelte 1997 eine zweiachsige Rangierlokomotive, die als Ersatz für die veralteten Maschinen der BR 360-365 dienen könnte

Mit ihrem weißen Anstrich sticht die 352 001 sofort ins Auge

Im Erprobungseinsatz bei der Deutschen Bahn AG / DB Cargo befindet sich ein Exemplar des aus modularen Komponenten entwickelten Industrieloktyps G 322; die Maschine erhielt die Baureihenbezeichnung 352 001-2.

Dem Lastenheft entsprechend soll die nur zweiachsige Maschine das Leistungsprogramm der dreiachsigen BR 360-365 erfüllen können. Die Lok besitzt eine hydrodynamische Leistungsübertragung und Funkfernsteuerung. Baugleiche Maschinen sind bereits bei den Dänischen Staatsbahnen als Reihe MK im Einsatz.

Nach Versuchseinsätzen im Siemens-Prüfcenter Wildenrath war die Lok in Duisburg und Hamburg eingesetzt; zuletzt gehörte sie zum Bh Rostock-Seehafen.

Technische Daten

Achsformel	B
Länge über Puffer	9400 mm
Dienstmasse	40 t
Art des Antriebs	hydrodynamisch
Motorleistung	390 kW
Anfahrzugkraft	ca. 125 kN
Höchstgeschwindigkeit	80 km/h

Dreiachsige Rangierlok

Eine Rangierdiesellok der mittleren Leistungsklasse, mit der eine Vielzahl noch vorhandener Länderbahn-Dampflokomotiven ersetzt werden konnte, stellt die Baureihenfamilie 360-365 dar

Die 360 ist die „Urmutter" der bewährten V 60-Familie der Bundesbahn

Die Maschinenfabrik Esslingen, Gmeinder, Henschel, Jung, KHD, Krauss-Maffei, Krupp und MaK lieferten zwischen 1955 und 1961 die beachtliche Anzahl von 942 Loks der Baureihe V 60.

Der Lokrahmen ist vollständig geschweißt und bei der 361/365 stärker ausgeführt, um das höhere Dienstgewicht zu erreichen. Das Führerhaus und die beiden Vorbauten sind als stabile Stahlkonstruktionen ausgeführt. An beiden Fahrzeugenden befinden sich Rangierplattformen mit tief herabreichenden Trittstufen. Das Führerhaus ist schallisoliert und besitzt einen von beiden Seiten bedienbaren Führertisch. Die Radsätze weisen Speichenräder mit Gegengewichten

Technische Daten

Achsformel	C
Länge über Puffer	10450 mm
Dienstmasse	48-50/54[1] t
Art des Antriebs	hydraulisch
Motorleistung	478 kW
Anfahrzugkraft	117,6/132,3[1] kN
Höchstgeschwindigkeit	60 km/h

[1] BR 361

Allein die höhere Reibungsmasse unterscheidet die 361 von der 360

auf. Zwischen der zweiten und der dritten Achse liegt die Blindwelle.

Die Lokomotiven der Reihe 360 ff werden von einem Zwölfzylinder-Dieselmotor angetrieben. Die meisten Loks besitzen ein Aggregat aus dem Hause Maybach, einige sind mit einem Mercedes-Motor ausgestattet. Die Motorleistung wird über eine Gelenkwelle auf das Voith-Hydraulikgetriebe übertragen, von wo die Leistung über ein Nachschaltgetriebe auf die Blindwelle gelangt. Es besteht die Wahl-

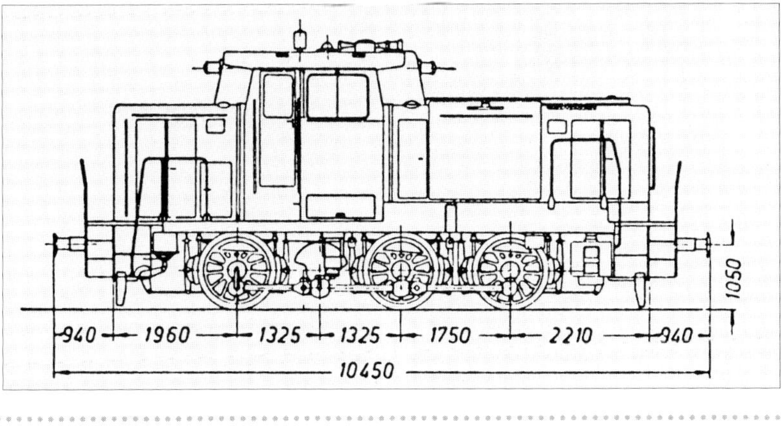

Nach dem Einbau der Funkfernsteuerung wurde aus der 360 847 die 364 847

möglichkeit zwischen einem Schnell- und einem Langsamgang. Die Motorvorwärmung erfolgt durch einen Ölofen bzw. eine elektrische Vorheizung.
1998 begann die zunächst für 60 maschinen vorgesehene Remotorisierung mit Caterpillar-Aggregaten; die umgebauten Loks erhielten die Gattungsbezeichnung 363.

Im Jahre 1987 begann die Ausrüstung von über 500 Loks mit Funkfernsteurung, welche daraufhin die Baureihenbezeichnung wechselten: aus 360 wurde 364.Zur Fernsteuerung tragen die Lokführer einen Schaltkasten vor dem Körper. Einige Loks sind zudem für Vielfachtraktion eingerichtet, die heute jedoch nicht mehr benutzt wird. Die mit Funkfernsteuerung ausgestatteten Loks sind an den Rangierkupplungen und den Kontrolleuchten an den Führerhausseitenwänden neben den Türen erkennbar.
Nach Abschluß der Umbauten sind zwar noch nennenswerte Bestände der Reihe 360 erhalten geblieben, von der Baureihe 361 sind dagegen nur noch Restexemplare vorhanden. Nahezu jeder westdeutsche Betriebshof hat Maschinen der Baureihen 360-365 in seinem Bestand. Auch mehrere ostdeutsche Bahnhöfe können zwischenzeitlich über funkferngesteuerte Exemplare verfügen. Die Wartung der über 700 noch vorhandenen Lokomotiven hat das Werk Chemnitz vom Werk Kassel übernommen.
1998 wurde mit zwei unterschiedlichen Konstruktionen ein erneuter Ver-

Der Stangenantrieb ist ein Relikt aus dem Dampflokomotivbau

such unternommen, die in die Jahre gekommenen Fahrzeuge der Reihe 360ff. zu ersetzen. Dennoch werden sicher noch etliche Exemplare die Jahrtausendwende erleben.

Mit Ausnahme der als Museumslok vorgesehenen 360 150 (altrote Lackierung / Betriebshof Nürnberg) sind alle Loks ozeanblau/beige oder orientrot lackiert.

Fährt die Lokomotive mit abgesenktem Kupplungsarm auf einen Wagen zu, stülpt sich der Trichter über den Zughaken des Wagens und kuppelt automatisch

399 Schmalspur-Diesellokomotiven

Die sechs auf der Insel Wangerooge eingesetzten 1000-mm-Schmalspurlokomotiven gehören vier unterschiedlichen Bauarten an

Bis zur Vereinigung der beiden deutschen Staatsbahnen war die Wangerooger Inselbahn lange Zeit die einzige Schmalspurbahn der DB. Ihr Fahrzeugpark und ihr Betrieb nehmen bis heute eine Sonderstellung ein
Die 399 101 wurde 1952 von Gmeinder gebaut und entspricht noch der Heeresfeldbahn-Bauart, 399 102 und 103 entstanden 1957 bei Gmeinder und stellen eine Weiterentwicklung dieser Bauart dar, 399 104 ist die einzige zweiachsige Lok, sie wurde 1952 bei KHD gebaut und kam 1976 von der Inselbahn Juist nach Wangerooge. 399 105 und 106 sind die modernsten Maschinen; sie wurden erst 1990 bei der Lokfabrik Bukarest für die Mansfeld Transport GmbH gebaut, dort aber nie eingesetzt und 1993 an die DB abgegeben.

Alle Loks verfügen über geschweißte Rahmen und Endführerstände. An den Pufferplatten sind die Mittelpuffer mit den außenliegenden Kupplungshaken angebracht. 399 101-103 besitzen Außenrahmen, die übrigen Loks Innenrahmen. Allen ist der Stangenantrieb gemeinsam.

Die 399 101, Baujahr 1952, ist der Oldtimer der Wangerooger Inselbahn

Der konstruktive Aufbau der 399 102 und 103 folgt weitgehend dem der 399 101. Das Führerhaus ist jedoch breiter, der Vorbau ist höher

Die in die Maschinen eingebauten Dieselmotoren sind unterschiedlicher Bauart, verfügen aber alle über sechs Zylinder. Die Kraftübertragung erfolgt bei 399 101-103 vom Motor über ein Voith-Hydraulikgetriebe auf das mit der Blindwelle verbundene Wendegetriebe. 399 104 besitzt ein Voith-Hydraulikgetriebe, das die Antriebskraft direkt auf die Blindwelle weitergibt. Die rumänischen 399 105 und 106 haben einen Antrieb mit Hydraulikgetriebe und Gelenkwelle auf das Achsgetriebe der vorderen Achse, die über Treibstangen die anderen Achsen antreibt. Als Bremse ist bei den vier älteren Maschinen nur eine Handspindelbremse vorhanden, während die 399 105 und 106 eine Druckluftbremse besitzen.

Die Lokomotiven bestreiten den gesamten Personen und Güterverkehr der meterspurigen Bahn auf der Insel Wangerooge.

Technische Daten

399	101	102,103	104	105,106	
Achsformel	C	C	B	C	
Länge über Puffer	5566	5566	6090	5400	mm
Dienstmasse	16,5	16,5	13	16,5	t
Art des Antriebs		hydraulisch			
Motorleistung	94	94	87	132	kW
Anfahrzugkraft	50	50	50	50	kN
Höchstgeschwindigkeit	20	20	20	20	km/h

401 Hochgeschwindigkeitszug

Seit 1991 ist der ICE das „Paradepferd“ der Bahn. Die stromlinienförmigen weißen Züge bringen es auf Tempo 280 und verschafften der DB einen enormen Image- und Fahrgastgewinn

Im Februar 1989 bestellte die DB die ersten Serienzüge des ICE, nachdem der Prototyp schon vier Jahre im Einsatz war. Inklusive mehrerer Nachbestellungen lieferte die Industrie von 1989 bis 1996 122 Triebköpfe und 723 Mittelwagen, aus denen 120 Garnituren gebildet werden.
Hersteller des mechanischen Teils waren Krauss-Maffei, Henschel, Krupp, Düwag, LHB, MAN, MBB und die Waggon Union, während AEG, BBC und Siemens die elektrische Ausrüstung lieferten. Eingereiht wurden die Triebköpfe als 401 001/501 bis 401 020/520, 401 051/551 bis 401 090/590 und 401 201/202. Den Mittelwagen wurden die Baureihennummern 801 (1. Klasse-Wagen), 802 (2. Klasse-Wagen), 803 (Service-Wagen) sowie 804 (Speisewagen) zugewiesen.

Der heute zur Unterscheidung von anderen ICE-Serien als ICE 1 bezeichnete Zug besteht aus zwei Triebköpfen und bis zu zwölf dazwischengereihten Wagen. Die aerodynamisch optimierten Triebköpfe sind in Stahlleichtbauweise ausgeführt. Die Mittelwagen sind aus geschweißten Aluminium-Großstrangpreßprofilen mit durchgehenden Fensterbändern und eingeklebten Fensterscheiben aufgebaut. Auf die Schall- und Wärmeisolierung wurde großer Wert gelegt. Zwischen den Wagen befinden sich teilautomatische, in der Werkstatt trennbare Kupplungen sowie für die Reisenden Doppelwellenbalg-Übergänge. Alle Mittelwagen haben stahlgefederte Drehgestelle vom Typ MD 530. Nachdem Unglück von Eschede wurden die gummigefederten Radsätze wieder durch Monobloc-Radsätze ersetzt. Schraubenfedern mit

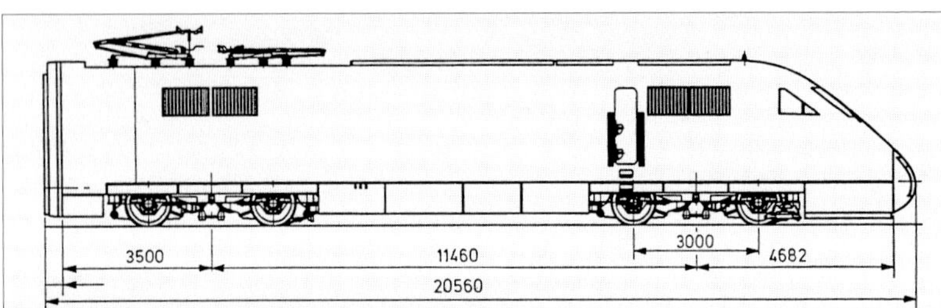

Mit Eröffnung der Neubaustrecken Hannover – Würzburg und Stuttgart – Mannheim ging 1991 die ICE-Flotte in Betrieb

Vertikal- und Querdämpfern sorgen für eine hohe Laufstabilität. Die Drehgestelle der Triebköpfe weisen ebenfalls Schraubenfederung und Hydraulik-Querdämpfer auf. Sie werden mittels Zug-/Druckstangen am Wagenkasten angelenkt. Der Antriebsblock ist zu zwei Dritteln vom Drehgestell abgekoppelt und mit Gummielementen am Fahrzeugkasten aufgehängt. Die Innenausstattung der Sitzwagen besteht jeweils aus einem Großraum mit Reihen- und vis-a-vis-Bestuhlung sowie mehreren Abteilen an einem Wagenende. Raucher- und Nichtraucherbereiche sind nicht mehr in einem Wagen vereint. Der Servicewagen verfügt über einen kleineren Fahrgastraum, zusätzlich aber über ein Abteil für den Zugchef, ein Konferenzabteil, Telefonzellen und ein behindertengerechtes WC. Im Speisewagen trennt die Küche den Speise- vom Bistroteil. Der Wagen fällt durch das höhere Dach mit den zusätzlichen Fenstern sofort auf und wirkt innen geräumig. Alle ICE 1 sind weiß lackiert und tragen eine orientrote, zunehmend auch verkehrsrote Bauchbinde, an die sich ein schmaler, pinkfarbener Streifen anschließt.

Jeder Triebkopf ist mit einem Hochleistungs-Einholmstromabnehmer ausgestattet. Einige, für den Betrieb in die Schweiz vorgesehene Einheiten, besitzen zusätzlich einen zweiten Stromabnehmer mit schmalem Schleifstück. Jeder der vier Drehstrom-Asynchronmotoren pro Triebkopf erbringt 1200 kW Dauerleistung. Diese wird mittels Getriebe, Antriebshohlwelle und kardanische Lenker auf die Räder übertragen. In den ersten zwanzig Zügen 401 001/501 bis 401 020/520 sind Thyristoren mit her-

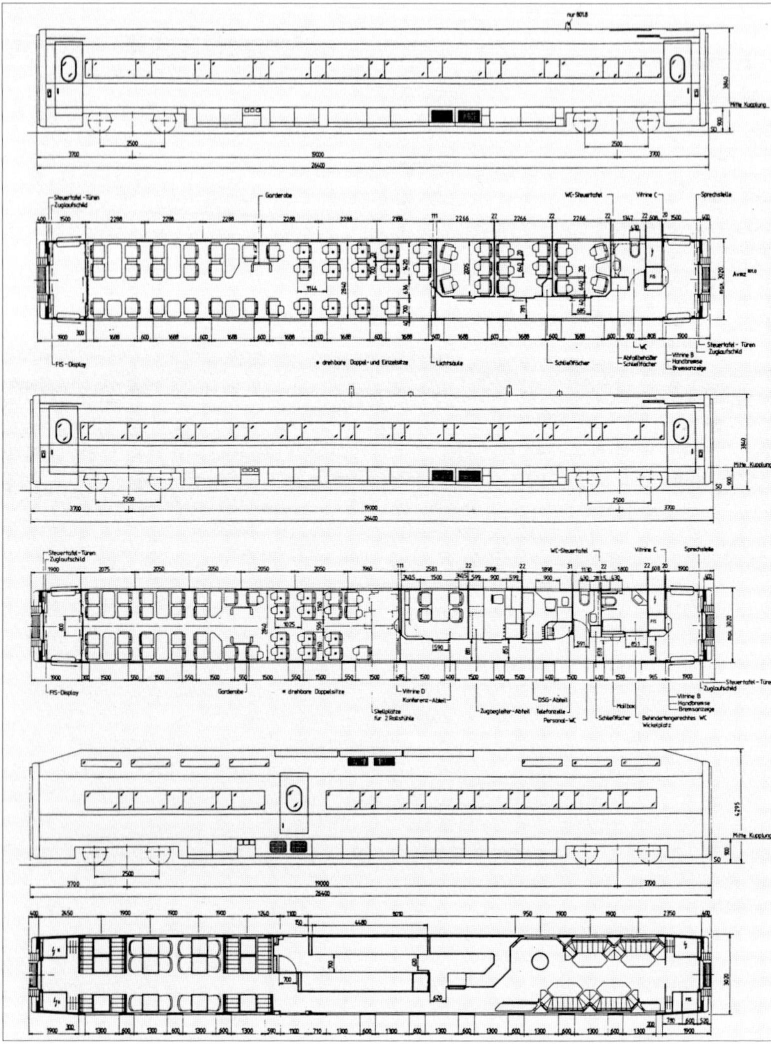

Von oben nach unten: Mittelwagen 1. Klasse Avmz 801, Mittelwagen 2. Klasse mit Sondereinrichtungen BSmz 803, Servicewagen WSmz 804

Die Triebköpfe sind aerodynamisch geformt, die Außenhaut des Zuges ist glattflächig und bietet so dem Wind wenig Widerstand

kömmlicher Ölkühlung, in den anderen Fahrzeugen GTO-Thyristoren mit FCKW-freier Siedebadkühlung eingebaut. Drei Bremssysteme sind vorhanden: generatorische Bremse der Triebköpfe mit Energierückspeisung ins Netz, elektropneumatisch gesteuerte Scheibenbremsen und Magnetschienenbremsen. Fahren und Bremsen wird durch Mikroprozessoren gesteuert, wobei auf den Schnellfahrstrecken die Werte durch die LZB vorgegeben werden. Zur Erkennung von Defekten sind die Züge mit dem Eigendiagnosesystem „DAVID" ausgestattet, daß nicht nur Störungen erkennt und mitteilt, sondern auch Lösungen anzeigt und Probleme automatisch an die Werkstatt weiterleitet.

Die ICE 1 sind in Hamburg-Eidelstedt stationiert und fahren vorzugsweise auf der klassischen Nord-Süd Route Hamburg – Frankfurt Stuttgart/Nürnberg – München. Sie erbringen dabei die höchsten Tageslaufleistungen aller deutschen Triebfahrzeuge.

Technische Daten

Achsformel	Bo'Bo'+2'2'...+Bo'Bo'
Länge (Tw)	20560 mm
Dienstmasse	77,5 t
Art des Antriebs	Kardanhohlwelle
Stundenleistung	2x4800 kW
Anfahrzugkraft	2x200 kN
Höchstgeschwindigkeit	280 km/h

402 Hochgeschwindigkeitszug

Aus dem ICE 1 weiterentwickelt, hat der kürzere ICE 2 nur noch einen Triebkopf, dafür am anderen Zugende einen Steuerwagen. Diese „Halbzüge“ können miteinander gekuppelt werden

Für den Ausbau ihres Hochgeschwindigkeitsnetzes benötigte die DB kürzere, dem Fahrgastaufkommen flexibler anpaßbare ICE-Einheiten. 44 siebenteilige Züge, die auch zusammengekuppelt werden können, hat die DB bei Siemens als Generalunternehmer bestellt. Die Montage der 46 Triebköpfe wurde im ehemaligen Krupp-Werk in Essen erledigt, die 264 Mittelwagen bauten das AEG-Werk Nürnberg sowie Duewag, LHB und DWA. Die Steuerwagen schließlich entstanden im Werk Nürnberg von Adtranz.

Als Baureihen wurden vergeben: 402 für die Triebköpfe, 805 für die Mittelwagen der ersten Klasse, 806 für die Mittelwagen der zweiten Klasse, 807 für die Speisewagen und 808 für die Steuerwagen.

Im Regelfall wird ein siebenteiliger Zug mit einem Triebkopf, einem Steuerwagen, einem Speisewagen und vier Sitzwagen zusammengestellt. Zwei dieser „Halbzüge“ genannten Einheiten können dank automatischer Kupplungen hinter den klappbaren Bugelementen zusammengekuppelt werden. Außerdem ist die Bildung eines vierzehnteiligen Zuges ohne Steuerwagen möglich; diese Zusammenstellung wurde gewählt, weil zu Beginn des Lini-

1996 nahm die Deutsche Bahn die ersten ICE 2-Triebköpfe in Betrieb

Der sogenannte ICE 2-Halbzug besteht in der Regel aus einem Triebkopf, fünf Mittelwagen und dem Steuerwagen

enbetriebes die Steuerwagen noch nicht ausgeliefert waren.

Der Triebkopf entspricht in seiner Konstruktion weitgehend der Baureihe 401. An der Front mußte allerdings eine zweiteilige, pneumatisch wegklappbare Bugklappe angebracht werden, hinter der sich die automatische Scharfenbergkupplung verbirgt. Die Klappe wurde aus glasfaserverstärktem Kunststoff hergestellt. Stirnlampen und Lüftungsschlitze sind durch diese Klappe nach oben gerückt.

Die Mittelwagen entsprechen optisch ebenfalls denen der ersten Generation. In das Fensterband eingelassen wurden allerdings die digitalen Reisendeninformationen, also Zugnummer, Zuglauf und Fahrtziel. Beim ICE 1 wurde das Fehlen dieser Informationen von den Reisenden als störend empfunden. Im Innenraum der Sitzwagen sind keine Abteile mehr vorhanden. Der jeweils durchgehende Großraum weist neue, leichtere Sitze auf, die denen im Flugzeugbau ähneln. Dennoch wurden alle Serviceeinrichtungen untergebracht, Kopfhöreranschluß, Lautstärkeregler und Programmwahl sowie die Verstellmöglichkeit der Rückenlehne sind wie im ICE 1 vorhanden.

Auf Anregung der Fahrgäste wurden die bisherigen Klapptischchen unter den Armlehnen durch einfach zu bedienende an den Lehnen der Vordersitze ersetzt. Hier ist auch das Zeitschriftennetz wieder vorhanden, daß im IC-Großraumwagen zweiter Klasse erfolgreich verwendet wird.

Der Speisewagen, dessen Dach anders als beim ICE 2 die gleiche Kontur aufweist wie die übrigen Wagen des Zuges, bekam einen verkleinerten Bistrobereich

Die ICE 2-Triebköpfe erkennt man am besten an der geteilten Bugklappe

ohne Sitzplätze auf, da der Wagen zusätzlich das Serviceabteil aufnehmen muß. Der komplett neukonstruierte Steuerwagen hat eine Stirnpartie analog dem Triebkopf bekommen. Vor der Inbetriebnahme mußten Meßfahrten beweisen, daß der geschobene Zug bei 280 km/h sicher fährt. Die Mittelwagen sind durch verschiedene Maßnahmen zur Gewichtsreduzierung fünf Tonnen leichter als ihre Vorgänger im ICE 1. Sie laufen auf luftgefederten Drehgestellen vom Typ SGP 400 aus Österreich. Optisch ist der ICE 2 wiederum in verkehrsweiß mit orientroter Bauchbinde und schmalen, pinkfarbenen Streifen gehalten. Ebenso wurde das Fensterband wieder schwarz eingefaßt.

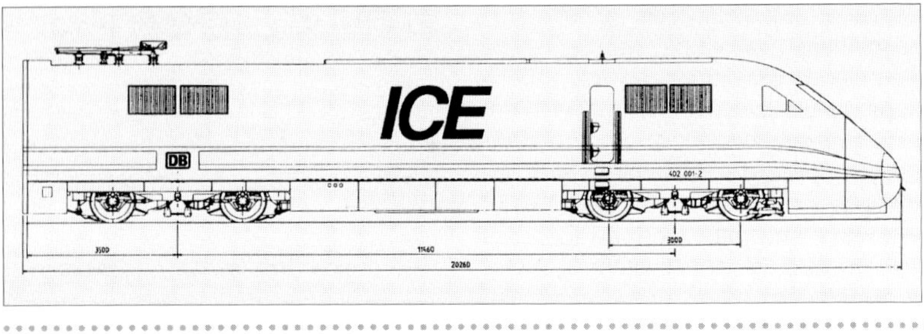

Mittelpufferkupplung zwischen den Wagen (links) und ICE-2-Triebkopf mit Scharfenberg-Kupplung hinter der geöffneten Bugklappe (rechts)

Nur wenige Modifikationen waren nötig, um aus den Triebköpfen der Baureihe 401 jene der Baureihe 402 abzuleiten. Da pro Halbzug nur noch ein Stromabnehmer vorhanden ist, muß dieser auch bei höchsten Geschwindigkeiten zuverlässig am Fahrdraht bleiben. Dafür mußte der Stromabnehmer vom Typ DSA 350 SEK angepaßt werden.
So konnte auf einen Stromabnehmer auf dem Steuerwagen mitsamt der aufwendigen Starkstromleitung im Fahrzeuginnern verzichtet werden. Die Scharfenberg-Kupplungen der Triebköpfe verbinden die Halbzüge nicht nur mechanisch, sondern auch die Luftleitungen sowie die Lichtwellenleiter-Datenbusse, die konventionellen Steuerleitungen und das Koaxialkabel des Fahrgast-Informationssystems. Gegenüber dem ICE 1 weiterentwickelt wurde das Antriebssteuergerät SIBAS 32, das nun eine optimierte Zugkraftausnutzung ermöglicht.

Der Einsatz der ICE 2 ist vor allem auf der Strecke Berlin – Hannover – Rhein/Ruhr mit Flügelung in Hamm vorgesehen. Einzelne Leistungen führen die Triebwagenzüge auch nach München, wo im dortigen ICE-Werk die Instandhaltung erfolgt.

Technische Daten

Achsformel	Bo'Bo'+2'2'...+Bo'Bo'
Länge über Puffer (Tw)	20560 mm
Dienstmasse	77,5 t
Art des Antriebs	Kardangelenk
Stundenleistung	2x4800 kW
Anfahrzugkraft	2x200 kN
Höchstgeschwindigkeit	280 km/h

Hochgeschwindigkeitszug

Mit einer Höchstgeschwindigkeit von 330 km/h sollen die neuen Triebzüge ab 1999 im Schnellverkehr zwischen Amsterdam, Köln und Frankfurt eingesetzt werden

Zur Ergänzung der vorhandenen ICE-Flotte bestellte die DB fünzig Züge der neuen Generation ICE 3. Die Auslieferung durch Siemens und Adtranz erfolgt ab 1999, wobei 37 Einsystemzüge (BR 403) und 13 Viersystemzüge (BR 406) bestellt sind. Weitere vier Viersystemzüge gehen an die Niederländische Staatsbahn. Für die Züge ist eine Höchstgeschwindigkeit von 330 km/h vorgesehen.

Der ICE 3 wird als achtteiliger Triebzug ohne separate Triebköpfe gebaut. Die Antriebs- und Steuerungseinrichtungen sind unterflur unter den einzelnen Wagen eingebaut. Ein Zug besteht aus vier angetrieben und vier nicht angetriebenen Wagen; jeweils ein Endwagen, ein nicht angetriebener Trafowagen, ein angetriebener Stromrichterwagen und ein antriebsloser Mittelwagen bilden dabei eine elek-

Raumaufteilung im achtteiligen ICE 3: Die Einzelwagen werden als 403.0 bis 403.3 bzw. 403.5 bis 403.8 bezeichnet

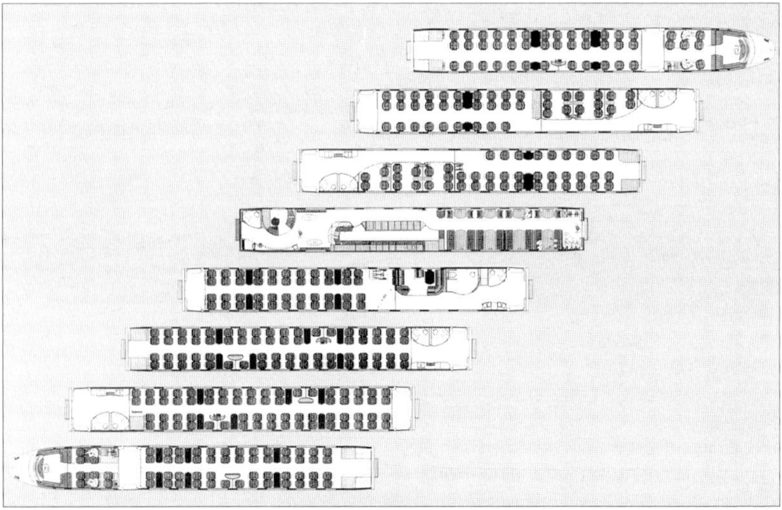

Futuristisches Design kennzeichnet die Endwagen der superschnellen ICE 3-Züge

trisch zusammengehörende Einheit. Durch dieses Antriebskonzept werden Steigungen von 40 Promille bei nur 16 Tonnen Radsatzlast bewältigt. Die Zugkombination sieht in der regel wie folgt aus:

403.0	Endwagen, 1. Klasse
403.1	Trafowagen, 1. Klasse
403.2	Stromrichterwagen, 1. Kl.
403.3	Mittelwagen, Restaurant
403.8	Mittelwagen, 2. Klasse
403.7	Stromrichterwagen, 2. Kl.
403.6	Trafowagen, 2. Klasse
403.5	Endwagen, 2. Klasse

Der ICE bietet damit 130 Plätze in der ersten und 244 Plätze in der zweiten Klasse. Dazu kommen 24 Plätze im Restaurant, zehn Toiletten (davon eine behindertengerecht) und eine Personaltoilette.

Ab Sommerfahrplan 1999 sollen die ersten Züge zwischen Köln und Frankfurt eingesetzt werden. Die Mehrsystemzüge werden für den Verkehr nach Amsterdam benötigt; Einsätze auch nach Paris waren 1998 im Gespräch.

Technische Daten

Achsformel	2'2'+(1A)'(A1)'+..+(1A)'(A1)'+2'2'
Länge über Kupplung	200 m
Dienstmasse	405/420[1] t
Art des Antriebs	elektrisch
Stundenleistung	4000 kW
Höchstgeschwindigkeit	330/220[2] km/h

[1] 406 [2] im DC-Betrieb

Hochgeschwindigkeitszüge

Der Einstieg in das Hochgeschwindigkeitszeitalter gelang der DB 1985 mit dem InterCityExperimental. Er wurde die Basis für eine ganze Reihe erfolgreicher Schnelltriebzüge

Für die Erprobung geeigneter Komponenten für den geplanten Hochgeschwindigkeitszug beschaffte die DB den fünfteiligen „InterCity Experimental“. Die Endmontage der beiden Triebköpfe 410 001 und 002 erfolgte bei Henschel und Krauss-Maffei, die drei Mittelwagen 810 001-003 wurden bei MBB fertiggestellt. Am 1. Mai 1988 erreichte der IC Experimental als erstes Schienenfahrzeug der Welt eine Geschwindigkeit von 406,9 km/h. Ende 1989 wurde dieser Weltrekord vom französischen TGV Atlantique (482,4 km/h) gebrochen.

Der Fahrzeugteil der Triebköpfe besteht aus dem Rahmen, den verschweißten Seitenwänden und den Dachträgern. Die Einzelsegmente des Daches sind aufgeschraubt. Die Fahrzeugnase ist aus glasfaserverstärktem Kunststoff gefertigt. Die beiden zweiachsigen Drehgestelle werden drehzapfenlos im Rahmen geführt. Die Fahrmotoren sind zu zwei Dritteln am Rahmen aufgehängt, um die ungefederten Massen gering zu halten. Mit den Anlenkpunkten des Fahrzeugkastens sind die Drehgestelle über tiefliegende Zug-/Druckstangen verbunden. Die Mittelwagen in Leichtbauweise fallen durch die bündig verklebten Scheiben auf, außerdem wurden bündig mit der Außenhaut abschließende, druckdichte Wagenübergänge konstruiert. Der ICE-V ist weiß mit umlaufendem roten Streifen lackiert.

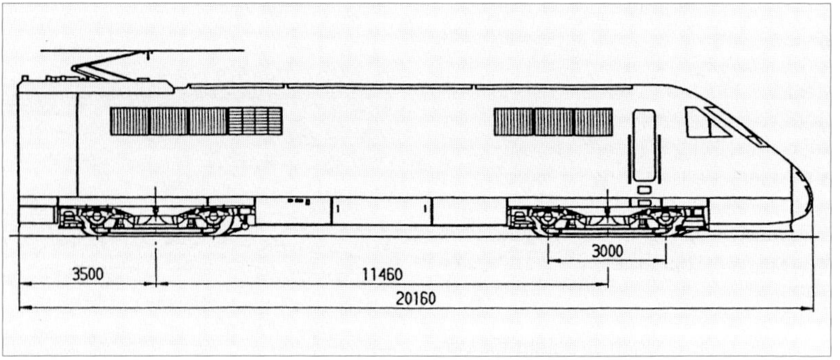

Triebkopf des 1985 als Versuchsträger vorgestellten ICE-V

Der ICE-S fällt besonders durch seinen gelben Streifen auf den drei Mittelwagen auf.

Die Fahrdrahtspannung gelangt über je einen Einholmstromabnehmer vom Typ DSA 350 pro Triebkopf zum Haupttransformator. Eine Hochspannungsleitung im Innern des Zuges verbindet die Triebköpfe, so daß nur ein Triebkopf mit gehobenem Stromabnehmer fahren muß. Mikroprozessorgesteuert wird der umgewandelte Drehstrom zur stufenlosen Steuerung der beiden fremdbelüfteten Asynchronmotoren verwendet. Mit einem einseitigen Kardan-Gelenk-Antrieb wird das Drehmoment auf die Radsätze übertragen. Die Fahrzeugsteuerung verknüpft die Sollwertebene, die Antriebs- und die Bremssteuerung. Zum Bremsen kommt eine Kombination aus Netzbremse in den Triebköpfen und einer Wirbelstrom- und Scheibenbremse im gesamten Zug zum Einsatz.

Der „ICE-V" (das „V" steht für Versuchszug), wie der Triebzug aus 410 001, 810 001 – 003 und 410 002 nunmehr genannt wird, kommt heute als Meßfahrzeug bei Streckenabnahmefahrten und bei der Erprobung neuer Fahrzeugbauteile zum Einsatz.
410 101 und 102 heißen die 1996 gelieferten ICE 2-Triebköpfe 402 011 und 012, die als Erprobungsträger („ICE-S") für neue Bauteile und Technologien verwendet werden. ICE-V und ICE-S befin den sich meist im Technologiecenter der DB im München-Freimann.

Technische Daten

Achsformel	Bo'Bo'+3x 2'2'+Bo'Bo'¹)
Länge über Kupplung¹)	113000 mm
Dienstmasse	299,1 t
Art des Antriebs	Kardangelenk
Stundenleistung	2x3640 / 4800²) kW
Anfahrzugkraft	2x135 / 200* kN
Höchstgeschwindigkeit	350 / 280²) km/h

¹) 410.0, ²) 410.1

411/415 Elektrischer Neigezug

Für den Einsatz auf nicht oder nur geringfügig ausgebauten Fernstrecken ist der mit Neigetechnik versehene Triebzug der Reihe 411 (siebenteilig) bzw. 415 (fünfteilig) vorgesehen

Um auch auf vorhandenen Strecken mit zum teil engen Kurvenradien einen Innovationsschub hinsichtlich Komfort- und Fahrzeitgewinn zu erzielen, konzipierte die DB den mit Neigetechnik ausgerüsteten Triebzug 411 („ICT"). Er basiert auf dem ICE 3; 43 Einheiten werden ab 1998 an die DB ausgeliefert.

Die Grundkonzeption des ICT folgt dem italienischen ETR 460, dessen Hersteller Fiat Ferroviaria am IC-Neitech-Konsortium beteiligt ist. Durch Kuppeln der Züge sind sechs verschiedene Kombinationen in der Zugbildung möglich; damit können – ausgehend von einer Stammrelation bis zu drei verschiedene Zweige bedient – Flügelzugkonzepte verwirklicht werden. Aufgrund der konzeptionellen Erwägungen, die die Verwendung des fünfteiligen 415 zunächst überwiegend als Verstärkungseinheit und für Einsätze in verkehrsschwachen Zeiten vorsehen, ergab sich für die Bestellung zunächst ein Verhältnis von 32 siebenteiligen zu elf fünfteiligen ICT.

Das Antriebskonzept der ICT folgt den bekannten Vorteilen von Triebzugkonzepten gegenüber der mit dem ICE realisierten Triebkopfvariante: Erhöhte Anzahl von Sitzplätzen bei gleicher Zuglänge, Verteilung der Traktionsleistung auf die gesamte Zuglänge und damit niedrigere Haftwertbeanspruchung des Rad-Schiene-Systems. Dies erfordert zwar die Streu-

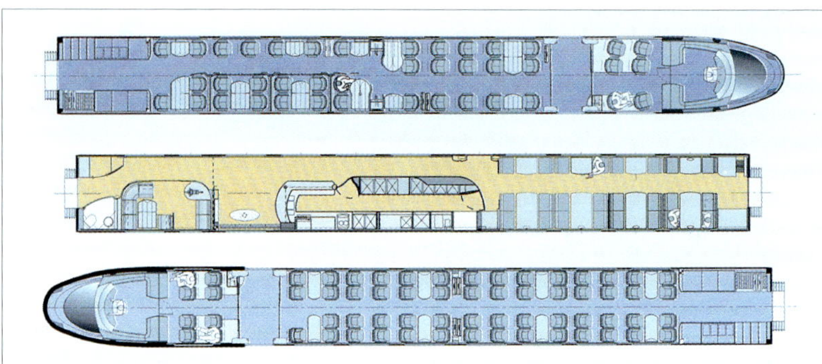

415 001/101/701/501 auf dem Siemens-Versuchsring in Wildenrath

ung der bislang geballt in die Triebköpfe eingebauten Einrichtungen über den ganzen Zug, hat aber auch eine weitgehend gleichmäßige Verteilung der Zuglasten auf alle Achsen zur Folge. Gleichzeitig erhalten die ICT neuartige Neitech-Drehgestelle, bei denen die Fahrmotoren erstmalig komplett innerhalb der Drehgestelle eingebaut werden konnten. Neu an den ICT ist auch das Leitsystem, dessen Kernstück ein drahtgestützter Zugbus (WireTrainBus – WTB) darstellt. In den Endwagen ist der WTB über redundante Gateways mit dem Fahrzeugbus nach MVB-Standard gekoppelt (Multifunction Vehicle Bus). Die verschiedenen Zugkonfigurationen des ICT werden aus drei fest zusammen gehörenden Basiswagen und antriebslosen Mittelwagen (MW) gebildet (Beispiel für einen siebenteiligen 411):

411.5	Endwagen, 1. Klasse
411.6	Stromrichterwagen, 1. Kl.
411.7	Fahrmotorwagen, Restaurt.
411.8	Mittelwagen, 2. Klasse
411.5	Fahrmotorwagon, 2. Kl.
411.1	Stromrichterwagen, 2. Kl.
411.0	Endwagen,2. Klasse

Technische Daten

Achsformel	2'2'+(1A)'(A1)'+..+(1A)'(A1)'+2'2'
Länge über Puffer	185 m
Dienstmasse	350 t
Art des Antriebs	elektrisch
Stundenleistung	4000 kW
Anfahrzugkraft	210 kN
Höchstgeschwindigkeit	230 km/h

S-Bahn-Triebwagen

Aus dem S-Bahn-Verkehr in München, Stuttgart und dem Rhein-Main-Gebiet ist die Baureihe 420 nicht mehr wegzudenken. Mehr als 25 Jahre lang wurde der Triebzug gebaut

In München wurde 1972 ein neues S-Bahn-Netz eingerichtet. Der für diesen Betrieb konzipierte dreiteilige S-Bahn-Zug findet heute auch in Stuttgart und im Rhein-Main-Gebiet um Frankfurt Verwendung. Von 1969 bis 1997 lieferte die Industrie fast 480 Züge, deren Endwagen die Nummern 420 001-390, 400-488, 501-890 und 900-988 erhielten, während die Mittelwagen als 421 001-390 und 400-488 eingereiht wurden.

Die Wagenkästen der dreiteiligen Züge sind in Aluminiumleichtbauweise erstellt, bei der ersten Bauserie teilweise auch in Stahlleichtbauweise. Sie bilden zusammen mit dem Untergestell eine verschweißte, selbsttragende Röhrenkonstruktion. Die unter allen Wagen angeordneten Bodenwanne nehmen die elektrischen Aggregate auf. Eine Übergangsmöglichkeit zwischen den einzelnen Wagen ist nicht vorhanden. Die Fahrgasträume der zweiten Klasse weisen eine 2+2 Bestuhlung mit 177 Plätzen auf; in der ersten Klasse sind weitere 17 Plätze vorhanden. In München werden diese als 2. Klasse-Bereiche mitgenutzt. Seit 1995 werden die Innenräume der Züge modernisiert. Die Wagenkästen stützen sich über eine niveaugeregelte

Die kleinste Einheit der Reihe 420 besteht aus drei Teilen

Die Zug- und Stoßkräfte werden von Scharfenberg-Kupplungen übertragen

Luftfederung auf die zweiachsigen Drehgestelle ab, wobei die Radsätze selbst schraubengefedert sind. Die Übertragung der Zug- und Stoßkräfte zwischen Wagenkasten und Drehgestell erfolgt über zweiarmige Mitnehmerhebel mit Stoßdämpfern. Die Kupplung der Fahrzeuge erfolgt untereinander mit Kurzkupplungen und Dämpfungspuffern, während an den Zugenden automatische Scharfenbergkupplungen vorhanden sind. Die Lackierung ist äußerst vielseitig: es finden sich Züge in Nahverkehrsrot, Kieselgrau/Blau, Kieselgrau/Orange, Weiß/Orange mit gelbem Streifen und zahlreiche mit Ganzreklame versehene Garnituren

Über z.T. nur noch einen Einholmstromabnehmer wird die Spannung abgenommen. Alle zwölf Radsätze sind angetrieben. Sifa, Indusi und Zugbahnfunk gehören zur Standardausstattung, Vielfachtraktion ist möglich und wird in allen Einsatzregionen praktiziert.

Die Baureihe 420 wird noch über die Jahrtausendwende zum Betriebsbestand der DB gehören. Gleichwohl ist mit ersten Abstellungen zu rochnen, wenn die neuen Baureihen 423 ff. in Betrieb genommen werden.

Technische Daten

Achsformel	Bo'Bo'+Bo'Bo'+Bo'Bo'
Länge über Kupplung	67400 mm
Dienstmasse	139/129*/135** t
Art des Antriebs	Tatzlager
Stundenleistung	2400 kW
max Anfahrbeschleunigung	1,0 m/s²
Höchstgeschwindigkeit	120 km/h

*420/421 131–412 **ab 420/421 413

423 ff.

S-Bahn-Triebwagen

Die Baureihen 424, 425 und 426 setzt vom Herbst 1998 an die Deutsche Bahn AG eine neue Generation elektrischer Triebzüge in den Ballungsräumen ein. Hersteller sind Adtranz, LHB, Siemens-Düwag und DWA

Runde Kopfform: die BR 423 ff.

Insgesamt wurden 429 dieser Triebzüge für die Nahverkehrsprodukte S-Bahn oder Regionalbahn bestellt:
- 190 der Baureihen 423/433
- 40 der Baureihen 424/434
- 156 der Baureihen 425/435 und
- 43 der Baureihe 426.

Die Fahrzeuge gleichen sich in ihrer sogenannten Kernbaugruppe in Modul-, Leicht- und Niederflurbauweise und unterscheiden sich naturgemäß nur in Details oder in der Fahrzeugzusammensetzung. Dadurch läßt sich bei größtmöglicher Flexibilität im Zugbetrieb eine große Wirtschaftlichkeit erreichen.Durch die Bodenhöhe von 1015 mm ist die vierteilige Baureihe 423 für die S-Bahnen in München und Stuttgart und an Rhein und Ruhr bestimmt. Auch die Baureihen 424/425 werden als Vierwagenzug geliefert. Dem Leichtbauprinzip entsprechen die Aluminium-Strangpreßprofile; der Fahrzeugkopf besteht aus einem Kunststoff-Sandwichteil. Für Wärme- und Schalldämmung sorgt auch die Doppelverglasung. Die Fahrzeuge sind klimatisiert. Der Zweiwagenzug als kürzeste betrieblich einsetzbare Einheit wurde als Baureihe 426 eingeordnet. Die Baureihe 425 wird in Rheinland-Pfalz, Baden-Württemberg, Nordrhein-Westfalen, Hessen, Bayern, Mecklenburg-Vorpommern, Sachsen-Anhalt und im Saarland eingesetzt, die Baureihe 426 in Rheinland-Pfalz, Baden-Württemberg, Nordrhein-Westfalen, Hessen, Bayern und im Saarland.

Technische Daten

Achsformel	Bo'(Bo')(2')(Bo')Bo'
Länge über Kupplung	67,5 m
Dienstmasse	108 t
Art des Antriebs	elektrisch
Stundenleistung	2350 kW
Anfahrbeschleunigung	1,0 m/sec²
Höchstgeschwindigkeit	140/160*) km/h

*BR 425, 426

Elektrischer Doppelstock-Triebzug

Mit der Baureihe 445 stellt die Deutsche Bahn AG zusammen mit den Firmen DWA (Fahrzeugteil) und Siemens (elektrischer Teil) erstmals einen Doppelstock-Triebzug auf die Schienen

Der dreiteilige Doppelstock-Triebzug BR 445 wurde 1998 erstmals vorgestellt

In Sachsen stellte die Deutsche Waggonbau AG (DWA) Mitte 1998 ihren elektrischen Doppelstock-Triebzug (DET 210) der Öffentlichkeit vor.

Der zum Teil vom Land Sachsen finanzierte Fahrzeugprototyp wird aus zwei Elektrotrieb- und einem Mittelwagen bestehen und soll als Ergänzung bzw. Alternative zum vorhandenen Doppelstockfahrzeugpark der DB im kommenden Jahr den Probebetrieb aufnehmen. Der DET gewährleistet aufgrund seiner Motorisierung von 2 x 1 800 kW Beschleunigungswerte für den S-Bahnbetrieb und erreicht eine Höchstgeschwindigkeit von 140 km/h. Bei der DB wird das Fahrzeug unter der Baureihenbezeichnung 445.0/845/445.5 eingereiht.

Technische Daten

Achsformel	Bo'Bo'+2'2'+Bo'Bo'
Länge über Puffer	82,27 m
Dienstmasse	201 t
Art des Antriebs	elektrisch
Stundenleistung	3600 kW
Anfahrbeschleunigung	1,0 m/sec²
Höchstgeschwindigkeit	140 km/h

S-Bahn-Triebwagen

Bei der Albtalbahn wurden Stadtbahnfahrzeuge konzipiert, die auf Straßenbahn- wie auch auf Eisenbahnstrecken eingesetzt werden können. Die DB beteiligte sich an der Beschaffung

Vier der 36 achtachsigen Zweirichtungs-Gelenkwagen für den Zweisystem-Betrieb, welche im Großraum Karlsruhe eingesetzt werden, gehören der DB; sie tragen neben den Karlsruher Wagennummern auch die DB-Nummern 450 001 – 004. Die übrigen Züge gehören der Albtal-Verkehrs-Gesellschaft (AVG). Lieferant der 1994 gebauten Wagen waren DUEWAG und ABB.

Der Wagenkasten ist in Stahlleichtbauweise ausgeführt. Er entspricht mit seiner Rahmensteifigkeit nicht den internationalen Vorgaben der UIC, doch wird die geringere passive Sicherheit durch extrem kurze Bremswege, eine bessere Beschleunigung und die geringe Höchstgeschwindigkeit ausgeglichen. Der dreiteilige Wagen läuft auf vier zweiachsigen Drehgestellen, deren mittlere als Jakobsdrehgestelle ausgebildet sind. Je Wagenseite sind vier Doppelschwenk-Schiebetüren eingebaut. An den Fahrzeugenden sind automatische Scharfenbergkupplungen montiert, die auch alle elektrischen Kon-

Die DB beteiligt sich am Wagenpool der Karlsruher Stadtbahn mit vier Zügen

Die Zweisystem-Fahrzeuge können sowohl auf dem Karlsruher Straßenbahnnetz als auch auf dem DB-Netz eingesetzt werden

takte verbinden. Mehrere Züge können von einem Fahrerstand aus gemeinsam gesteuert werden. Das Radreifenprofil wurde als Mischprofil ausgebildet, um einen Einsatz auf Eisenbahn- und Straßenbahngleisen zu ermöglichen. Die vier Wagen tragen die herkömmliche Farbgebung der Albtalbahn in gelb mit roten Zierstreifen und dunklem Fensterband.

Über einen Einholm-Stromabnehmer gelangt die Fahrdrahtspannung zum Transformator. Diesem ist ein Gleichrichter vorgeschaltet, der im 15 kV-Netz der DB die Spannung für die wageneigenen Aggregate anpaßt. Die Systemumschaltung erfolgt beim Netzübergang vollautomatisch. Zur weiteren technischen Ausstattung zählen ein Mikrocomputer-Fahrzeugsteuerungs-System MICAS, Sifa, Indusi, Zugbahnfunk, induktive Fahrsperre und Betriebsfunk der VBK/AVG. Damit entsprechen die Wagen sowohl der Eisenbahn-Bau- und Betriebsordnung als auch der Betriebsordnung Straßenbahn (BOStrab).

Der Einsatz erfolgt gemeinsam mit den 32 Wagen der Verkehrsbetriebe Karlsruhe/Albtalbahn auf den Strecken rund um Karlsruhe.

Technische Daten

Achsformel	B'2'2'B'
Länge über Kupplung	37610 mm
Dienstmasse	58,6 t
Stromsysteme	750 V =; 15 kV, 16 2/3 Hz
Stundenleistung	560 kW
max Anfahrbeschleunigung	0,85 m/s²
Höchstgeschwindigkeit	95 km/h

S-Bahn-Triebwagen

Mit dem Ausbau des Hamburger S-Bahnnetzes stieg auch der Bedarf an Zügen. Die Baureihe 470 wurde als überarbeitete Konstruktion des 471 erstmals 1959 vorgestellt

MAN, O & K, Rathgeber, Wegmann, SSW und BBC waren die Produzenten der 45 dreiteiligen Triebzüge, deren Auslieferung sich von 1959 bis 1970 hinzog. Sie tragen seit 1968 die Betriebsnummern 470 101 / 870 001 / 470 401 bis 470 145 / 870 045 / 470 445.

Die Konstruktion ähnelt dem ET 471 sehr, die Stirnfronten haben jedoch eine ansprechende Panoramaverglasung bekommen. Automatische Scharfenbergkupplungen an den Zugenden und nur in der Werkstatt zu lösende Kurzkupplungen zwischen den Wagen sowie die fehlende Durchgangsmöglichkeit durch den gesamten Zug weist auch diese Baureihe auf. Pro Wagen sind auf jeder Seite vier in Taschen laufende Doppelschiebetüren mit elektropneumatischer Betätigung vorhanden. Für die Fahrzeugführer sind separate Türen vorhanden.
Die beim ET 471 verwendeten Drehgestelle der Bauart Görlitz wurden durch Blechträgerdrehgestelle der Bauart München-Kassel der Firma Wegmann ersetzt.
Die Lackierung der Züge ist entweder blau oder ozeanblau/beige. Zeitweise sind einige Züge mit Ganzreklame versehen worden.

Der Fahrstrom wird über je vier Stromschleifer pro Wagenseite abgenommen. Sie können per Druck-

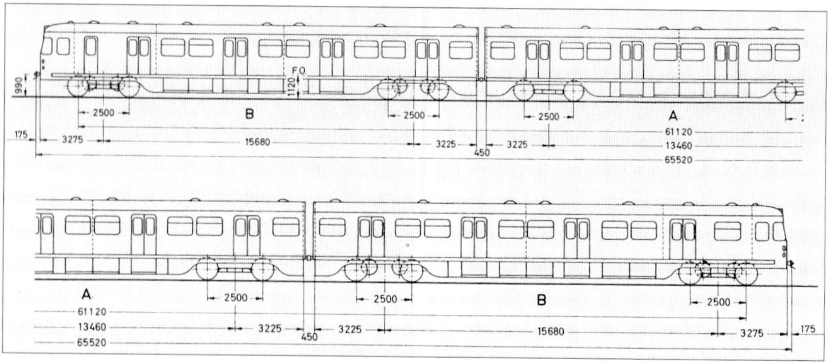

Unverkennbar ist die Ähnlichkeit der ab 1959 in Dienst gestellten Hamburger BR 470 mit der Vorkriegskonstruktion der Reihe 471

luft oder manuell von Hand angelegt werden. Eingebaut sind acht Gleichstromreihenschlußmotoren in Tatzlagerbauart, die über ein Nockenschaltwerk mit 25 Anfahr-, zwei Dauerfahr- und einer Beschleunigungsstufe angesteuert werden.
Die Mittelwagen der Baureihe 870 sind zwar antriebslos, sie nehmen aber in ihren Bodenwannen elektrische Aggregate auf.
Beim Bremsen können die Züge Energie in die Stromschiene zurückspeisen. Wenn dort keine Aufnahmemöglichkeit besteht, schaltet die Nutzremse automatisch auf die Funktion als Widerstandsbremse um. Alle Züge besitzen Scheibenbremsen. Sie sind mit Sifa, Zugbahnfunk und Vielfachsteuerungsmöglichkeit ausgestattet. Letztere erlaubt den gemeinsamen Betrieb mit dem ET 471.

Nach dem Ausscheiden der ET 471 sollen auch dic ET 470 durch den neuen ET 474 ersetzt werden. Die Einsätze erfolgen bis dahin systembedingt ausschließlich im S-Bahn-Netz Hamburg.

Technische Daten

Achsformel	Bo'Bo'+2'2'+Bo'Bo'
Länge über Kupplung	65520 mm
Dienstmasse	107 t
Art des Antriebs	Tatzlager
Stundenleistung	1280 kW
max Anfahrbeschleunigung	1,0 m/s²
Höchstgeschwindigkeit	100 km/h

471

S-Bahn-Triebwagen

Das Hamburger S-Bahnnetz wurde ab 1939 von Oberleitungs- auf Stromschienenbetrieb umgestellt. Die erste dafür beschaffte Baureihe, der ET 471, ist noch immer im Einsatz

LHW, MAN und Wegmann zeichneten für den Bau der dreiteiligen Züge verantwortlich, die von 1939-1943 und dann nochmals 1954 und 1958 gebaut wurden. Durch Kriegseinwirkung wurden zahlreiche Züge beschädigt; aus Schadbeständen wurden vier neue Garnituren zusammengestellt, so daß die DB letztlich über 44 komplette Züge verfügte. Seit 1968 werden sie als 471.0/871/471.4 bezeichnet. In einem Modernisierungsprogramm ließ die DB von 1985 bis 1987 noch 22 Züge durch das AW Cannstatt grundüberholen, nachdem ursprünglich sogar 42 Züge für die Modernisierung vorgesehen waren. Die Arbeiten wurden mit Schließlung des AW Cannstatt vorzeitig abgebrochen.

Die Aufbauten sind komplett geschweißt, der Wellblechfußboden wird zur Erhöhung der Stabilität mit herangezogen. Es sind keine Übergangseinrichtungen von Wagen zu Wagen vorhanden. Die vier Schiebetüren pro Wagenseite laufen in Taschen mit elektropneumatischer Schließfunktion. Zwei Züge erhielten versuchsweise Scheibenbremsen.

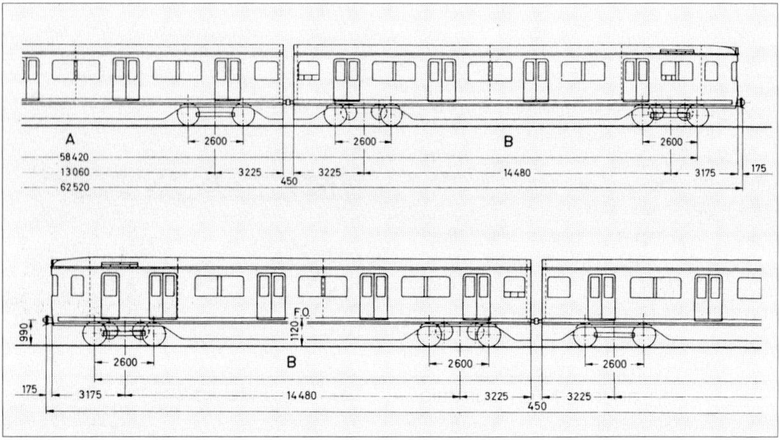

Die ab 1939 in Dienst gestellten Triebwagen der Hamburger S-Bahn gehören zu den ältesten Fahrzeugen im Bestand der Deutschen Bahn

Als Drehgestelle kam eine speziell für den S-Bahn-Verkehr angepaßte Form der Bauart Görlitz in Blechträgerbauweise mit genietetem Rahmen zur Anwendung.

Die grundsätzliche Anordnung und Ausführung der elektrischen Ausrüstung wurde von den Gleichstrom-Zügen der Berliner S-Bahn übernommen. Zwischen den zweiachsigen Drehgestellen sind in staubdichten Bodenwannen die elektrischen Aggregate untergebracht. Die Wagen sind untereinander kurzgekuppelt und weisen an den Zugenden Scharfenbergkupplungen auf. 1985 bis 1987 wurden einige Züge erneuert, die von außen durch gummigefaßte Fenster erkennbar sind. Die geteilten Stirnlampen waren teils schon früher eingebaut worden. Die Züge verkehren heute noch in blau, größtenteils jedoch in ozeanblau/beige.

Mit fortschreitender Ablieferung der Baureihe 474 werden bei der Hamburger S-Bahn die Züge dieser Baureihe ausgemustert.

Technische Daten

Achsformel	Bo'Bo'+2'2'+Bo'Bo'
Länge über Kupplung	62520 mm
Dienstmasse	107 t
Art des Antriebs	Tatzlager
Stundenleistung	1160 kW
max Anfahrbeschleunigung	0,95 m/s²
Höchstgeschwindigkeit	80 km/h

472 S-Bahn-Triebwagen

Mit dem Bau der Hamburger City-S-Bahn entstand erneut Bedarf an Triebzügen. Ein vollkommen neu konstruierter, allachsgetriebener und wiederum dreiteiliger Zug wurde beschafft

Der ET 472/473 wurde in 62 Einheiten in den Jahren 1974 bis 1984 gebaut. LHB, MBB, WMD, BBS und SSW hatten den Zug zusammen mit dem BZA München und der BD Hamburg entwickelt, nachdem ein Weiterbau der alten Bauarten sowohl bauartspezifisch als auch von den Anforderungen neu gebauter Strecken mit bis zu 40 Promille Steigungen nicht zielführend schienen. Daher sollten nunmehr – wie bei der BR 420/421 auch – alle Radsätze angetrieben sein. Nachdem zunächst nur dreißig dreiteilige Züge in den Jahren 1974 und 1975 geliefert wurden, bestellte die DB 1982 bis 1984 nochmals 32 weiter verbesserte Garnituren als Ersatz für verschlissene Triebzüge der BR 471 und natürlich auch, um den steigenden Bedarf auf neuen Strecken abzudecken. Die Züge sind als 472 001/473 001/472 501 bis 472 062/473 062/472 562 bezeichnet.

Die Wagenkästen sind komplett in Leichtbauweise geschweißt, während die Stirnfronten aus glasfaserverstärkten Polyester bestehen. Zwischen den Wagen sind keine Übergangseinrichtungen vorhanden, die Kurzkupplung kann nur in der Werkstatt gelöst werden.

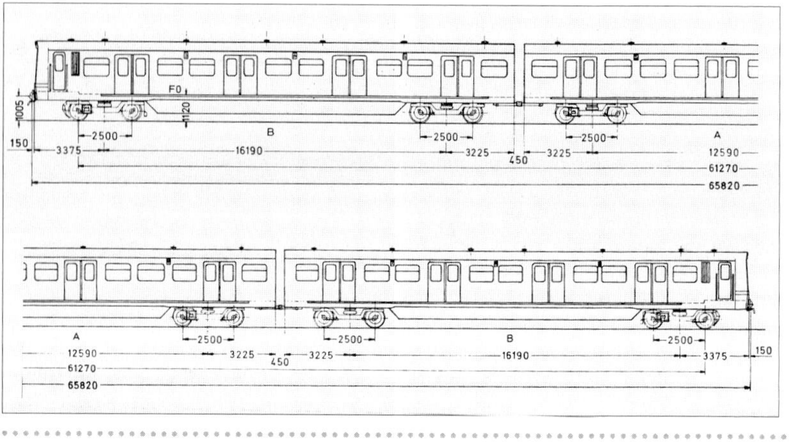

Abgesehen von der eigenwilligen Stirngestaltung der Hamburger Züge ist die Verwandtschaft der Baureihen 472 und 420 unverkennbar

An den Zugenden sind Scharfenbergkupplungen vorhanden. Mit den älteren S-Bahn-Bauarten sind die ET 472/473 zwar mechanisch kuppelbar, ein gemeinsamer Einsatz in Vielfachtraktion ist jedoch nicht möglich.
Die Wagenkästen stützen sich auf den geschweißten Drehgestellen mittels Gummi- und Luftfedern ab. Die seit der Anlieferung der Züge präsente ozeanblau/beige Farbgebung wird ab 1997 anläßlich der Modernisierung der Züge durch den verkehrsroten Anstrich ersetzt.

Allen zwölf Radsätzen ist jeweils ein vierpoliger Gleichstrom-Reihenschlußmotor mit Tatzlagerantrieb zugeordnet.

Die Züge werden neben der Baureihe 474 noch viele Jahre das Bild der Hamburger S-Bahn prägen.

Technische Daten

Achsformel	Bo'Bo'+Bo'Bo+Bo'Bo'
Länge über Kupplung	65820 mm
Dienstmasse	114,4 t
Art des Antriebs	Tatzlager
Stundenleistung	1500 kW
max Anfahrbeschleunigung	1,15 m/s²
Höchstgeschwindigkeit	100 km/h

474 S-Bahn-Triebwagen

Im Auftrag der Deutschen Bahn AG hat die Arbeitsgemeinschaft Linke-Hofmann-Busch (LHB) und Adtranz Deutschland den neuen S-Bahn-Triebzug der BR 474 für Hamburg entwickelt

In enger Zusammenarbeit mit der Deutschen Bahn AG ist ein innovativer Triebzug entstanden, der die Hamburger S-Bahn fahrgastfreundlich, wirtschaftlich und umweltverträglich in das nächste Jahrtausend führt. Der dreiteilige Triebzug erfüllt mit seinem Design die hohen Ansprüche hinsichtlich Fahrgast- und Behindertenfreundlichkeit.

Bei der technischen Konzeption wurde besonderer Wert auf wirtschaftlichen Betrieb und einfache Wartung gelegt. Den Fahrgästen wird ein niveaugleicher Zugang zu einem hellen, freundlichen Fahrgastbereich mit behindertengerechten Bedienelementen angeboten. Zur Information der Fahrgäste stehen automatische Haltestellenanzeigen und -ansagen zur Verfügung. Der hohe Fahrkomfort wird unter anderem durch eine optimierte Geräuschdämmung und eine wirkungsvolle Heizungs- und Lüftungsanlage erzielt.Der Führerraum wurde unter Mitwirkung von LHB-Designern und enger Beteiligung der Hamburger Triebfahrzeugführer nach neuesten ergonomischen Erkenntnissen gestaltet. Abgeschlossen wird der Führerraum durch eine Trennwand, die großzügig mit getönten Scheiben verglast ist und somit zur Erhöhung des Sicherheitsgefühls der Fahrgäste beiträgt. Die gewichtsoptimierten Wagenkästen des Trieb- und Mitteiwagens besitzen eine gleichartige Rohbaustruktur. Durch die überwiegende Verwendung von nichtrostenden Stählen wird eine deutliche Verbesserung der Wirtschaftlichkeit bei der späteren Wartung und Instandhaltung erreicht.
Die Wagenkästen sind luftgefedert auf die Drehgestelle aufgesetzt, wobei vertikale und horizontale Wagenbewegungen hydraulisch gedämpft werden. Um die für das Fahrzeug günstigste Drehgestellbestückung zu erhalten, sind die Drehgestelle des Mittelwagens weder mit einem Antrieb noch mit einer Bremse ausgestattet. Die Bremsung des Zuges

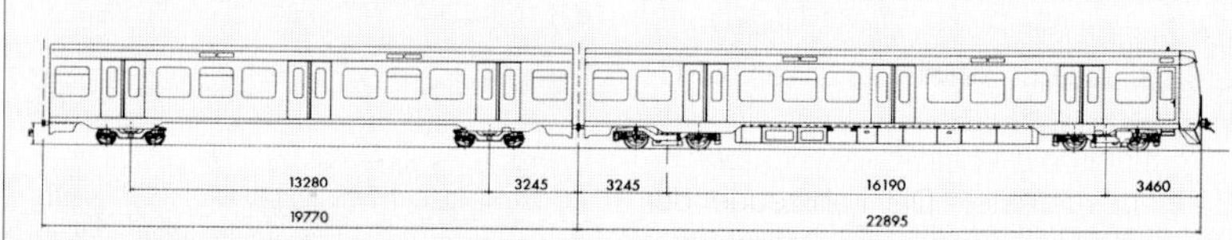

1997 begann die Indienststellung von 103 Triebzügen der Baureihe 474

kann sowohl elektrodynamisch als auch rein pneumatisch aus der maximalen Höchstgeschwindigkeit von 100 km/h erfolgen, wobei für beide Betriebssysteme ein Gleitschutz installiert ist, der ein Blockieren der Achsen verhindert. Das Zusammenspiel aller die Bremse betreffenden Komponenten wird durch die elektronische Führerbremsanlage geregelt. Die Komponenten zur Drucklufterzeugung sind im Mittelwagen, die druckluftsteuernden Geräte in den Geräteräumen des Triebwagens installiert. Zur Minimierung der späteren Kosten für Wartung und Reparatur ist die Ausrüstung der Druckluftanlage für beide Triebwagen identisch ausgeführt. Zum Zusammenstellen von Zugverbänden ist die Baureihe 474 stirnseitig mit einer vollautomatischen Scharfenbergkupplung ausgerüstet.

Die beiden Endwagen sind mit je einem wassergekühlten GTO-Wechselrichter und vier ebenfalls wassergekühlten Drehstrom-Asynchronmotoren ausgerüstet. Die Fahrzeuge der Baureihe 474 verfügen damit über wassergekühlte Antriebssysteme, deren Abwärme durch ein innovatives Heizsystem zur Erwärmung der Fahrgasträume genutzt wird. Die gesamte elektrische Ausrüstung ist bis auf die für die Bedienung erforderlichen Elemente im Untergestell des Fahrzeuges untergebracht. Die Triebfahrzeugführer und das Wartungspersonal des Fahrzeuges werden durch ein komfortables, in die Fahrzeugleittechnik integriertes Diagnosesystem unterstützt.

1997 begann die Indienststellung der Baureihe. Insgesamt 103 Triebzüge wurden bestellt, das Auftragsvolumen beträgt 800 Millionen DM.

Technische Daten

Achsformel	Bo'Bo'+2'2'+Bo'Bo'
Länge über Kupplung	62520 mm
Dienstmasse	102 t
Art des Antriebs	Querantrieb
Stundenleistung	1840 kW
max Anfahrbeschleunigung	1,2 m/s²
Höchstgeschwindigkeit	100 km/h

476

S-Bahn-Triebwagen

Weil nicht genügend neue S-Bahn-Züge beschafft werden konnten, entschloß man sich zur 1979 begonnenen Modernisierung von Fahrzeugen der Baureihe 475 (damals 275).

Die Umbauten basieren auf Zügen der Baureihe 475

Im Raw Berlin-Schöneweide wurden bis Ende der 80er Jahre über 200 Viertelzüge in die BR 476 umgebaut.

Äußerlich fallen sie durch die neue flache Front in geschweißter Bauweise mit den zwei großen, gummigefaßten Stirnfenstern auf. Der restliche Wagenkasten blieb weitgehend unverändert. In den Fahrgasträumen wurden gepolsterte Sitze eingebaut, die Schiebefenster durch fest eingebaute Fenster mit einer Lüftungsklappe ersetzt. Die Elektrik wurde erneuert und weitgehend der Baureihe 477 angeglichen. Dabei wurden die Fahrmotoren weiterverwendet. Nach 1990 wurden zudem die verschlissenen Bremsanlagen durch neue mehrlösige KE-Bremsen ersetzt.

Die Baureihe 476 wird von der S-Bahn Berlin vorläufig weiter eingesetzt, in absehbarer Zeit jedoch durch die neue Reihe 481 überflüssig werden.

Technische Daten

Achsformel	Bo'Bo'+2'2'
Länge über Kupplung	35460 mm
Dienstmasse	65,5 t
Art des Antriebs	Tatzlager
Stundenleistung	360 kW
max. Anfahrbeschleunigung	0,5 m/s²
Höchstgeschwindigkeit	80 km/h

S-Bahn-Triebwagen

Ende der dreißiger Jahre erweiterte die DR den Fahrzeugbestand der Berliner S-Bahn. Die überarbeitete Konstruktion des Viertelzuges wurde von 1938 bis 1944 abgeliefert

Auch die Reihe 477 basiert auf Umbauten von Vorkriegs-Fahrzeugen

Die Züge trugen bei der DR bis zur Umzeichnung in die Reihe 477 die Baureihenbezeichnung 277.

Die Fahrzeuge wurden in verschiedenen Zeiträumen modernisiert, wobei ab 1965 gepolsterte Sitzbänke, eine Leuchstoffröhrenbeleuchtung, Sifa und eine vom Führerstand zu regelnde Widerstandsheizung eingebaut wurden.
1973 wurden die Fahrzeuge im Rahmen eines weiteren Umbaus zur Reihe 477. Mit einem Großteil der Baureihe 476 sind die 477 kuppelbar.
Ab 1976 beschleunigte die DR das Modernisierungsprogramm, dennoch blieben bis 1991 zwölf Einheiten im alten Zustand erhalten. Dann wurden sie abgestellt.

Die erneuerten Züge werden weiter von der S-Bahn Berlin eingesetzt. Auch sie sollen jedoch durch die Baureihe 481 ersetzt werden.

Technische Daten

Achsformel	Bo'Bo'+2'2'
Länge über Kupplung	35460 mm
Dienstmasse	68,2 t
Art des Antriebs	Tatzlager
Stundenleistung	360 kW
max. Anfahrbeschleunigung	0,5 m/s²
Höchstgeschwindigkeit	80 km/h

Zweiachsiger Elektrotriebwagen

Auf der Flachstrecke der Oberweißbacher Bergbahn rollen drei Elektrotriebwagen mit außergewöhnlicher Herkunft. Jeder von ihnen hat seine eigene Geschichte

Die Flachstrecke der Oberweißbacher Bergbahn von Lichtenhain nach Cursdorf schließt an die einzigartige Standseilbahn an, mit der die Fahrgäste bergauf von Obstfelderschmiede gebracht werden. Seit ihrer Eröffnung 1923 wird sie elektrisch betrieben. Aus dieser Zeit stammt der mehrfach umgebaute Triebwagen 479 201, ein Produkt der Waggonfabrik Gotha. 479 203 hingegen wurde 1909 von Herbrand für die Leipziger Straßenbahn gebaut, 1955 für die Bergbahn adaptiert und schließlich 1963 im Raw Gotha weitgehend neu als Eisenbahntriebwagen aufgebaut. 479 205 wurde 1984 aus einem Steuerwagen der Bergbahn umgebaut, der seinerseits früher bei der Niederbarnimer Eisenbahn als Beiwagen unterwegs war. Seit diesem Zeitpunkt präsentieren sich die Triebwagen weitgehend einheitlich.

Einheitlich sind die geschweißten Wagenkästen, deren Stirnseiten denen der Berliner U-Bahn-Großprofilwagen vom Typ E III gleichen. Die Wagen haben einen Mitteleinstieg mit druckluftbedienten Schiebetüren und einen großen Fahrgastraum. Schiebetüren und Seitenfenster wurden

479 205 ist am 31. Januar 1993 bei Lichtenhain unterwegs

Die Flachstrecke der Bergbahn ist mit 600 Volt Gleichspannung elektrifiziert

dem Ersatzteillager der S-Bahn Berlin entnommen. Die Führerstände sind vom Fahrgastraum durch Zwischenwände abgetrennt; sie besitzen keinen eigenen Einstieg von außen.
Die Wagen verfügen über Beschallungs- und Türschließeinrichtungen mit Klingelsignal und Warnlicht. Die Lackierung ist – wiederum in Anlehnung an die S-Bahn in Berlin – in rot und creme gehalten.

Je ein mittig angeordneter Scherenstromabnehmer nimmt die 600 Volt Gleichspannung von der einfachen Fahrleitung ab.
Bei allen Wagen wird die Spannung über einen Straßenbahnfahrschalter und Vorwiderstände den beiden Tatzlager-Motoren vom Typ GFM 3127 zugeführt.

Die Triebwagen sind beim Betriebshof Saalfeld, Einsatzstelle Lichtenhain a d Bergbahn, beheimatet. Sie werden ausschließlich auf der drei Kilometer langen Flachstrecke der Oberweißbacher Bergbahn von Lichtenhain an der Bergbahn über Oberweißbach-Deesbach nach Cursdorf eingesetzt.

Technische Daten

Achsformel	Bo
Länge über Puffer	12600 mm
Dienstmasse	15,3 t
Art des Antriebs	Tatzlager
Stundenleistung	120 kW
Höchstgeschwindigkeit	40 km/h

479 201: Bj. 1923/1970, 479 203: Bj. 1909/1963, 479 205 Bj. 1984

Die Reihe 480 geht auf eine Entwicklung der Berliner Verkehrsbetriebe BVG zurück, die am 9. Januar 1984 die Betriebsführung der S-Bahn im damaligen West-Berlin übernommen hatten

Sogleich nach Übernahme der West-Berliner S-Bahn von der Deutschen Reichsbahn wurde die Beschaffung eines Ersatzfahrzeugs für die 115 übernommenen Altbauwagen der BR 475 begonnen.
Da der Bestand der alten Züge nicht ausreichte, um auch bereits stillgelegte Strecken wieder in Betrieb nehmen zu können, begann die Entwicklung einer neuen Baureihe. Die Waggon-Union lieferte 1987 die ersten vier Prototypen der neuen Baureihe 480, die sich optisch stark von anderen Fahrzeugtypen unterscheidet. Ab 1990 begann schließlich die Auslieferung von insgesamt 81 weiteren Triebzügen, an deren Bau neben der Waggon-Union auch AEG beteiligt war.

Der Wagenkasten ist in Leichtbauweise aus Edelstahl gefertigt. Er stützt sich über je zwei Luftfederbälge auf die beiden zweiachsigen Drehgestelle ab. Sie bestehen aus H-förmigen Stahlblechträgern. Die acht Fahrmotoren je Doppeltriebwagen sind quer zur Fahrtrichtung in den Drehgestellrahmen befestigt. Die Züge besitzen automatische Scharfenberg-Kupplun-

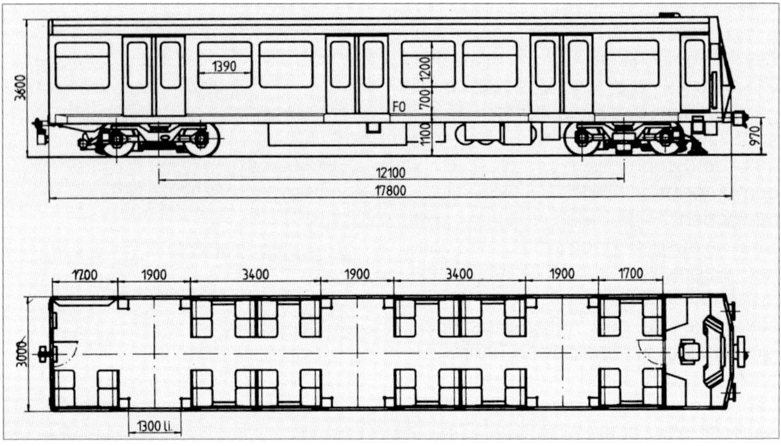

Die Baureihe 480 ist als Doppeltriebwagen ausgeführt, der an jedem Ende einen Führerstand hat. Kleinste einsetzbare Einheit ist damit der Viertelzug

gen an den Zugenden und Kurzkupplungen zwischen den Fahrzeugen. Je Wagenseite sind drei Außenschwenk-Schiebetüren vorhanden.

Die Stromzuführung geschieht über je zwei Schleifer pro Zug von der Stromschiene. Über Netzfilter, Gleichstromsteller und Wechselrichter gelangt die Spannung zu den Dreh-strom-Asynchronmotoren. Die Antriebssteuerung geschieht über Mikrocomputer und ist auch für einen automatischen Fahrbetrieb mit von der Strecke ausgehenden Impulsen geeignet. Gebremst wird mit einer kombinierten elektrischen Nutz- und Widerstandsbremse, die einen Teil der Energie ins Netz zurückspeisen kann. Zusätzlich sind Scheibenbremsen vorhanden, und eine Federspeicherbremse dient als Parkbremse. Die Führerhäuser sind klimatisiert, die Fahrgasträume mit Klappfenstern und einem Gebläse unter den Sitzen ausgestattet. Es kann auf reinen Lüftungsbetrieb umgeschaltet werden.

Die Züge haben sich bewährt. Die für die Erweiterung und Modernisierung des Berliner S-Bahn-Netzes nötige Großserie (BR 481) fußt dennoch auf einer neuen Konstruktion.

Technische Daten

Achsformel	Bo'Bo'
Länge über Kupplung	36800 mm
Dienstmasse	60 t
Art des Antriebs	Querantrieb
Stundenleistung	824 kW
max Anfahrbeschleunigung	1,0 m/s²
Höchstgeschwindigkeit	100 km/h

481

S-Bahn-Triebwagen

Nach der Zusammenführung der beiden getrennten S-Bahn-Netze Berlins war die Weiterbeschaffung von zwei unterschiedlich dimensionierten Neubaufahrzeugen nicht vertretbar

1991 entstand ein „Lastenheft für das Einheitsfahrzeug der Berliner S-Bahn", das 1994 noch einmal überarbeitet worden ist und als wesentliche Ziele eine Verbesserung des Komforts und der Sicherheit der Fahrgäste, eine Kostenreduzierung bei Anschaffung, Betrieb und Instandhaltung sowie eine flexible Fahrgastraumgestaltung formuliert. Auf der Grundlage dieses Lastenheftes bestellte die DB im Jahre 1994 bei der Deutschen Waggonbau AG (DWA) zunächst 100 Viertelzüge. Die DWA wird diese Züge gemeinsam mit AEG Schienenfahrzeuge Hennigsdorf entwickeln und fertigen.

Die Viertelzüge der Baureihe 481 bestehen aus zwei betrieblich nicht trennbaren Wagen, die über ein Kurzkupplung miteinander verbunden werden. Erstmalig ist für die Fahrgäste eine Übergangsmöglichkeit zwischen den Wagen vorgesehen. Da nur ein Wagen einen Führerstand erhält, ist die kleinste im Fahrgastverkehr einsetzbare Einheit der Halbzug. Der mit dem Führerstand ausgerüstete Wagen erhält zwei Triebdrehgestelle, der andere ein Trieb- und ein Laufdrehgestell, so daß sechs der insgesamt acht Achsen eines Viertelzuges angetrieben werden. Der Wagenkasten der Baureihe 481 wird in Anlehnung an die Baureihe 480 als Stahl-Leichtbaukonstruktion aus Edelstahl ausgeführt, der gegenüber einer Ausführung in Aluminium-Leichtbau deutliche Vorteile bei der Instandhaltung sowie bei der Instandsetzung von bei eventuellen Auffahrunfällen deformierten Wagenkästen bietet. Die sphärisch gekrümmte Frontscheibe wird in einer Frontmaske aus Kunststoff gelagert, und die Seitenwandfenster werden optisch zu Doppelfenstern zusammengezogen. Im Gegensatz zu den Zügen der Baureihe 480 sind keine zu öffenden Fenster mehr vorgesehen.

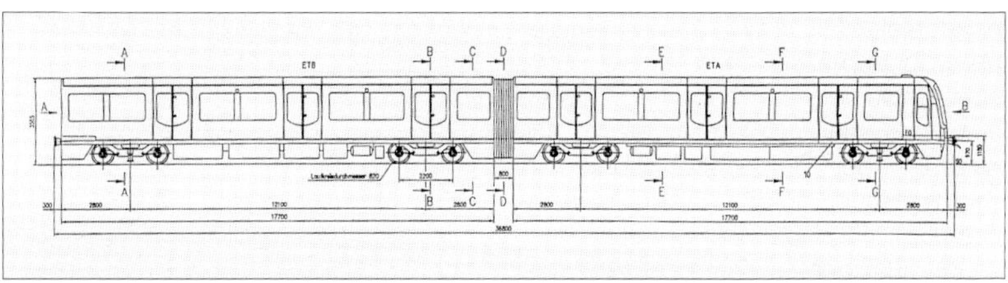

Seit 1997 werden die ersten Exemplare des neuen „Einheitsfahrzeugs der Berliner S-Bahn" im Fahrgastbetrieb eingesetzt

Die guten Erfahrungen mit dem Antriebskonzept der Baureihe 480 haben zu der Entscheidung geführt, auch für die Baureihe 481 die Drehstromantriebstechnik vorzusehen. Antriebs- und Laufdrehgestell werden weitgehend analog zur Baureihe 480 ausgeführt. Als Fahrmotoren kommen eigenbelüftete Asynchronmotore zum Einsatz. Die Federung ist zweistufig, wobei als Primärfederung eine Gummifeder und als Sekundärfederung eine kombinierte Gummi-Luftfederung gewählt wurde. Die Bremsausrüstung mit einer elektrodynamischen und einer elektropneumatischen Bremse entspricht ebenfalls fast völlig der des 480. Je nach Aufnahmefähigkeit des Netzes wird bei der Betriebsbremsung die Bremsenergie rückgespeist oder über Bremswiderstände geleitet. Die Fahrzeuge der Baureihe 481 besitzen zwar noch eine Hauptluftleitung als Durchgangsleitung zum Einstellen der Fahrzeuge in einen Wagenzug mit pneumatischer Bremse, über eine rein pneumatische Bremse verfügen sie jedoch nicht. Die Wirkung einer im Falle einer Zugtrennung zerrissenen Hauptluftleitung, die zur sofortigen Auslösung einer Schnellbremsung führt, wird beim 481 durch eine elektrische Sicherheitsschleife realisiert.

Technische Daten

Achsformel	Bo'Bo'+2'Bo'
Länge über Kupplung	36800 mm
Dienstmasse	59 t
Art des Antriebs	Gestellmotor
Stundenleistung	n. b.
max. Anfahrbeschleunigung	1,0 m/s²
Höchstgeschwindigkeit	100 km/h

485

S-Bahn-Triebwagen

Über 670 Vorkriegszüge hatte die DR auf der Berliner S-Bahn noch im Einsatz, als ab 1980 endlich eine neue Baureihe als Ersatz beschafft werden konnte

Die heutige Reihe 485/885 wurde zunächst als Baureihe 270 bezeichnet. Zwischen 1980 und 1992 konnten 168 Viertelzüge, bestehend aus einem Trieb- und einem Beiwagen in Dienst gestellt werden. Produzent aller Fahrzeuge war LEW Hennigsdorf bzw. die AEG, die das Werk übernommen hat.

Der selbsttragende Wagenkasten ist in Aluminium-Leichtbauweise gefertigt. Der Wagenboden ist in den Tragverband des Grundrahmens einbezogen, der außerdem die Kupplungsträger für die automatische Scharfenbergkupplung an der Stirnfront und die Kurzkupplung zwischen Trieb- und Beiwagen aufnimmt. Die Rahmen der einheitlich gestalteten Trieb- und Laufdrehgestelle sind eine H-förmige Schweißkonstruktion. Der Antrieb ist in Tatzlagerbauweise konstruiert. Zylindrische Schrauben- und in Reihe geschaltete Gummifedern übernehmen die Radsatzfederung, der Wagenkasten stützt sich mit Flexicoilfedern auf den Drehgestellrahmen ab. Je Wagenseite sind vier außenlaufende Schiebetüren vorhanden; sie werden mit Druckknöpfen betätigt. Die Sitze sind gepolstert und mit Kunstleder bezogen, die Wandverkleidungen mit Kunststoffplatten gestaltet.

1980 begann die Indienststellung von insgesamt 168 Viertelzügen

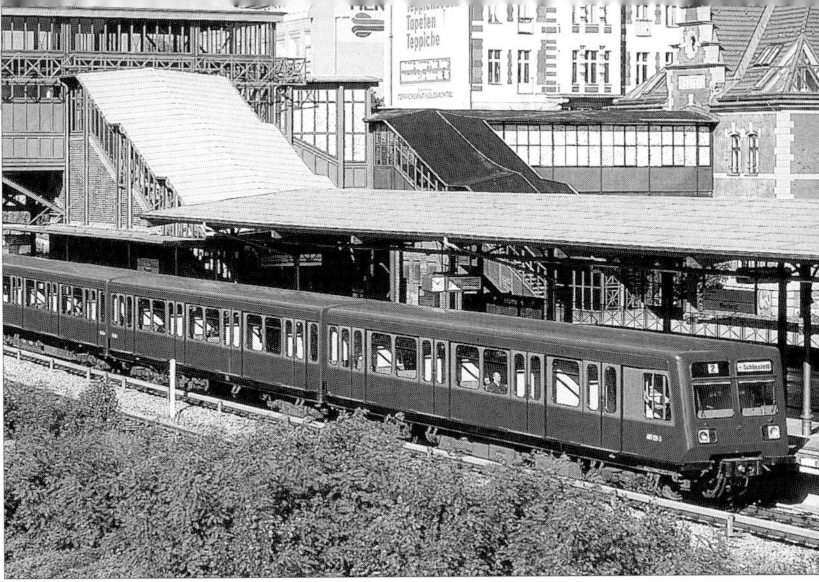

Abweichend vom gewohnten Farbkonzept der Berliner S-Bahn sind die Züge der Reihe 480 rot/anthrazit gespritzt

Pro Viertelzug nehmen zwei Schleifer je Wagenseite die Fahrspannung von der Stromschiene ab. Alle Trieb- und Beiwagen der Viertelzüge sind mit einer Starkstromleitung durchgekuppelt. Mittels eines Gleichstromstellers kann die Fahrspannung stufenlos den Fahrmotoren zugeführt werden. Weiterhin ermöglicht er die Rückführung von Bremsenergie in die Stromschienen. Der ET 485 verfügt über eine zentrale Zugsteuerung und elektronischen Schleuder- und Gleitschutz. Neben der elektrodynamischen Bremse sind eine elektropneumatisch bediente Scheibenbremse und eine Federspeicherbremse als Parkbremse vorhanden.

Aufgrund der durchgehenden Starkstromleitung, die nur die Baureihe 485 besitzt, können diese Züge nicht im gesamten S-Bahn-Netz eingesetzt werden. Für diese Züge sind an den Netz-Trennstellen besondere Überbrückungsschaltungen nötig.

Technische Daten

Achsformel	Bo'Bo'+2'2'
Länge über Kupplung	36200 mm
Dienstmasse	60 t
Art des Antriebs	Tatzlager
Stundenleistung	600 kW
max. Anfahrbeschleunigung	0,75 m/s²
Höchstgeschwindigkeit	90 km/h

610 Neigezug

Um kürzere Fahrzeiten auf nicht ausgebauten Strecken zu erreichen, hat die DB mit dem VT 610 erstmals einen Triebzug mit Neigetechnik in größerem Umfang beschafft

Die Triebzüge der Reihe 610 ermöglichen dank ihrer Neigetechnik ein schnelleres Durchfahren von Kurven und helfen somit, Fahrzeiten zu verkürzen. 1992/93 beschaffte die DB zwanzig zweiteilige Züge, die die Nummern 610 001/501 bis 610 020/520 erhielten. MAN trat als Genralunternehmer beim Bau auf, DUEWAG, ABB und Siemens waren mitbeteiligt.

Aluminium-Preßprofile in geschweißter und selbsttragender Bauweise bilden die Wagenkästen der Fahrzeuge, die auf je zwei zweiachsigen Drehgestellen ruhen. Die gleisbogenabhängige Wagenkastensteuerung von FIAT neigt bei Bogenfahrten den freischwingend aufgehängten Wagenkasten. Beschleunigungsmesser und Sensoren erkennen Beginn und Ende der Kurven und steuern Hydraulikzylinder, die die Wagenkästen um maximal acht Grad neigen. Auf diese Weise wird die von den Reisenden als unangenehm empfundene Seitenbeschleunigung vermindert. Beide Fahrzeughälften sind kurzgekuppelt, an den Stirnseiten sind automatische Mittelpufferkupplungen zur Verbindung mehrerer Züge dieser Baureihe vorhanden. Seit ihrer

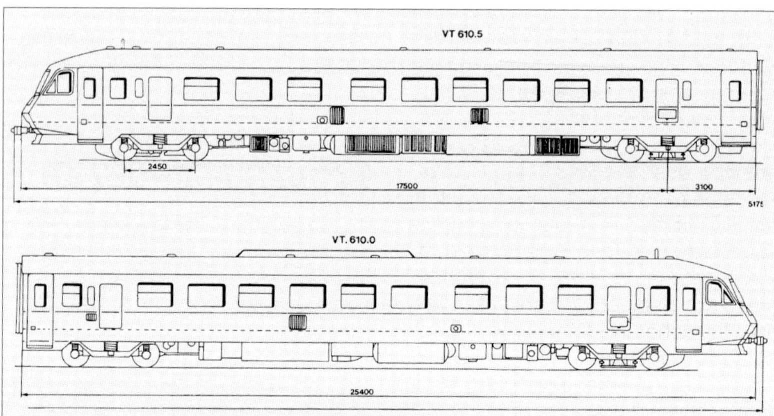

Wie sein italienisches Vorbild heißt der erste DB-Neigezug im Volksmund „Pendolino", die Bahn spricht offiziell von „NeiTec"-Zügen

Anlieferung tragen die VT 610 den türkis/lichtgrauen Anstrich, der nun durch verkehrsrot ersetzt wird.

Zwei 485 kW starke, wassergekühlte MTU-Dieselmotoren mit zwölf Zylindern und Ladeluftkühlung treiben den VT 610 an. Beide Motoren sind mittels zweier Drehstromsynchrongeneratoren gekuppelt. Per Gelenkwellen treiben drei Drehstromfahrmotoren das Radsatzgetriebe des innenliegenden Radsatzes jedes motorisierten Drehgestells an. Das vierte Drehgestell ist antriebslos. Bis zu vier Triebzüge können mit Vielfachsteuerung von einem Führerstand aus bedient werden. Die induktive Zugsicherung (Indusi) wird durch eine punktförmige Zugbeeinflussung ergänzt, die in Gleisbögen die zulässige Geschwindigkeit überprüft.

Die Triebwagen der Baureihe 610, besser bekannt unter dem Namen „Pendolino", werden im schnellen Bezirksverkehr von Nürnberg Hbf aus in Richtung Oberpfalz bzw. Oberfranken eingesetzt, wobei die Bildung von Flügelzügen praktiziert wird. Mehrere gekuppelte Züge trennen sich dabei an Verzweigungsstationen, z.B. in Schnabelwaid, um unterschiedliche Ziele anzufahren.

Technische Daten

Achsformel	2'(A1)'+(1A)'(A1)'
Länge über Puffer	51750 mm
Dienstmasse	95,35 t
Art des Antriebs	elektrisch
Nennleistung	2x 485 kW
max. Wagenkastenneigung	8 °
Höchstgeschwindigkeit	160 km/h

611 Neigezug

Nach dem erfolgreichen Einsatz der Baureihe 610 wollten auch andere Bundesländer solche Fahrzeuge einsetzen; dies führte zur Bestellung der BR 611 bei Adtranz

Von der BR 611 hat die DB seit 1996 50 zweiteilige Züge erhalten (611 001/501 bis 611 050/550). Die Züge sind mit dem elektronisch gesteuerten Neigesystem „neicontrol E“ ausgestattet. Mechanische Schwierigkeiten führten 1996/97 zeitweilig zu einem Abnahme- und Einsatzstop.

Je Triebwagen ist ein Zwölfzylinder-Dieselmotor des MTU-Typs 12 V 183 TD 13 schwingungsisoliert unterflur am Fahrzeugrahmen aufgehängt. Im Gegensatz zur elektrischen Kraftübertragung beim Vorgängermodell 610 wurde die seitens der DB beliebtere hydraulische Kraftübertragung über ein mikroprozessorgesteuertes, hydrodynamisches Voith-Strömungsgetriebe mit Wandler-Kupplung und Gelenkwellen auf die Achstriebe beider Radsätze des Triebgestells gewählt.

Technische Daten

Achsformel	2'B'+B'2'
Länge über Kupplung	51750 mm
Dienstmasse	116 t
Art des Antriebs	hydraulisch
Nennleistung	2x 540 kW
Höchstgeschwindigkeit	160 km/h

Anders als der 610 verfügt der 611 über eine hydraulische Kraftübertragung

Neigezug

Basierend auf dem Vorgängermodell 610 wurde im wesentlichen mit modifizierter Inneneinrichtung die Baureihe 612 als „Regio-Swinger" konzipiert

Premiere des als „Regio-Swinger" bezeichnete Neigezugs im Oktober 1998

Moderne Leicht und Integralbauweise dominiert die Struktur des zweiteiligen Zuges. Die Wagenkästen bestehen aus Aluminium-Großstrang-Preßprofilen. Längsgeschweißte Hohlkammerprofile sind zu Boden- Seitenwand und Dachprofilen zusammengefügt. Alle metallischen Überlappungen sind zum Schutz gegen Korrosion mit einer PUR-Dichtmasse dauerhaft versiegelt.

Den Antrieb übernimmt ein direkteinspritzender Sechszylinder-Cummins-Dieselmotor mit Abgasturbolader und Ladeluftkühlung pro Triebwagen. Die Wagenkastenneigung steuert das autarke, aktive Neigetechnik-System „neicontrol-E".

Technische Daten

Achsformel	2'B+B'2'
Länge über Kupplung	51750 mm
Dienstmasse	116 t
Art des Antriebs	hydraulisch
Stundenleistung	2x 559 kW
Sitzplätze	146
Höchstgeschwindigkeit	160 km/h

614 Dieseltriebwagen

Aus der Baureihe 624 entwickelte die DB, da noch Bedarf an Dieseltriebwagen für den Bezirksverkehr bestand, in modernerem Design ab 1971 die Reihe 614

MAN und die Waggonfabrik Uerdingen waren am Bau der 42 dreiteiligen Züge beteiligt, deren Motorwagen als 614 001-084 eingereiht wurden, während die antriebslosen Mittelwagen als 914 001-042 bezeichnet sind. Die auslieferung erfolgte von 1971 bis 1977.

Die Wagenkästen sind in selbsttragender Leichtbauweise erstellt und im Fensterbereich leicht eingezogen. Die MAN-Drehgestelle haben H-förmige Träger. Luftfedern dienen der Abstützung der Wagenkästen auf die Fahrwerke und bewirken eine leichte Neigung der Züge in Bögen. An den Zugenden sind herkömmliche Zug- und Stoßvorrichtungen vorhanden, während die Wagen untereinander mit Scharfenberg-Kupplungen ausgerüstet sind. Die Inneneinrichtung weist in den Motorwagen einen 2.-Klasse-Großraum und zwei 1.-Klasse-Abteile auf. Die kleinen Gepäckräume werden anläßlich von Modernisierungsmaßnahmen entfernt und der Fahrgastraum vergrößert. Im Mittelwagen 914 sind drei

Die Strecken im westlichen Harzvorland gehören zu den Haupteinsatzgebieten

Einige Fahrzeuge tragen noch die ursprüngliche pop-orange Lackierung

durch die Einstiege getrennte Großräume der zweiten Klasse vorhanden. Die Türen sind Schwenk-Schiebetüren. Vier verschiedene Farbschemata sind bei der Reihe 614 heute noch anzutreffen: Kieselgrau/Orange, Ozeanblau/Beige, Türkis/Lichtgrau und Verkehrsrot.

Pro Motorwagen ist ein Zwölfzylinder-Dieselmotor von MAN eingebaut. Über eine kurze Gelenkwelle gelangt die Antriebskraft zum Getriebe und weiter über eine lange Gelenkwelle zu den Radsatzgetrieben des äußeren Drehgestells. Bei Leerlauffahrten tritt eine Leerlaufbelastungseinrichtung in Aktion, die das Abgasverhalten verbessert. Zur Steuerung der Maschinenanlage wird eine Vielfachsteuerung eingesetzt, so daß mehrere Züge von einem Führerstand aus bedient werden können. Gebremst wird mit einer mehrlösigen Druckluft-Scheibenbremse mit elektronischem Gleitschutz. Die benötigte Druckluft wird in einem Luftpresser erzeugt. Sifa, Indusi und Zugbahnfunk gehören ebenso zur Ausstattung wie eine Lautsprecheranlage zur Information der Reisenden.

Die Triebwagenzüge der Baureihe 614 werden von Braunschweig und Nürnberg aus im Regionalverkehr eingesetzt.

Technische Daten

Achsformel	B'2'+2'2'+2'B'
Länge über Puffer	79460 mm
Dienstmasse	124 t
Art des Antriebs	hydraulisch
Nennleistung	2x367 kW
Höchstgeschwindigkeit	140 km/h

624

Dieseltriebwagen

Als Ersatz für Vorkriegsdieseltriebwagen entwickelte das BZA München zusammen mit MAN und der Waggonfabrik Uerdingen einen dreiteiligen Triebzug, die heutige BR 624

Die Züge werden in weiten Teilen Norddeutschlands eingesetzt

Wagenkästen und Untergestelle sind in Stahlleichtbauweise verschweißt und stützen sich über Schraubenfedern und Gummihohlfedern auf die zweiachsigen Drehgestelle ab. Die Innenausstattung ähnelte den Nahverkehrswagen der „Silberling"-Typen. Nach einer Modernisierung, die alle Fahrzeuge durchlaufen haben, sind sie dem Regionalbahn-Standard angeglichen worden und tragen den türkis/lichtgrauen Anstrich.

Ein Zwölfzylinder-Dieselmotor treibt über ein hydraulisches Getriebe von Voith oder ein hydromechanisches Getriebe und Gelenkwellen die Radsatzgetriebe der Achsen des äußeren Drehgestells an. Eingebaut sind Vielfachsteuerung, Sifa, Indusi und Zugbahnfunk.

Alle Triebwagen der Reihe 624 sind in Osnabrück stationiert und werden von dort weiträumig eingesetzt.

Technische Daten

Achsformel	B'2'+2'2'+2'B'
Länge über Puffer	79420 mm
Dienstmasse	112/118* t
Art des Antriebs	hydraulisch
Nennleistung	2x331 kW
Höchstgeschwindigkeit	120 km/h

*Prototyp

Dieseltriebwagen

Als Nachfolgebaureihe für den Schienenbus stellte die Deutsche Bundesbahn die einteiligen 627.0 in Dienst. Über eine Kleinserie kam die Beschaffung jedoch nicht hinaus

Der 627.0 war der erste Entwicklungsschritt zum Schienenbus-Nachfolger

LHB und MaK lieferten 1974 acht Triebwagen mit den Nummern 627 001-008. Der Wagenkasten ist in Leichtbauweise erstellt und fällt durch die gesickten Bleche unterhalb der Seitenfenster und am Dach auf. Er stützt sich mit vier Luftfederbälgen auf den beiden Drehgestellen ab.

Bis 1987 wurden alle Triebwagen mit herkömmlichen Zug- und Stoßvorrichtungen nachgerüstet. Der Innenraum wird durch zwei Schwenk-Schiebetüren pro Seite erreicht und ist von den Führerständen nicht abgetrennt. Geliefert wurden die Fahrzeuge der Reihe 627.0 in Ozeanblau/Beige, mittlerweile sind die ersten Fahrzeuge im neuen Verkehrsrot im Einsatz.

Der aufgeladene Zwölfzylinder-Dieselmotor von KHD oder Daimler-Benz mit 287 kW treibt beide Achsen eines Drehgestells an.

Der Einsatz der BR 627.0 erfolgt auf Linien im Schwarzwald. Stationiert sind die Fahrzeuge in Tübingen.

Technische Daten

Achsformel	B'2'
Länge über Puffer	22500 mm
Dienstmasse	34 t
Art des Antriebs	hydraulisch
Nennleistung	287 kW
Höchstgeschwindigkeit	120 km/h

627¹ Dieseltriebwagen

Sieben Jahre nach dem 627.0 versuchte die DB erneut, einen einteiligen Dieseltriebwagen auf die Gleise zu stellen. Doch auch der Baureihe 627.1 war keine größere Serie beschieden

Der 627.1 sollte eine kostengünstige Alternative zum 627.0 werden

Die Konstruktion lehnt sich eng an die BR 627.0 an (siehe auch deren Beschreibung), doch bestand die DB auf einer Reduzierung der Anschaffungs- und Betriebskosten. Erreicht wurde dies durch eine einfachere Innengestaltung, einer Reduzierung der elektrischen Ausrüstung und den von Beginn an vorgesehenen Einsatz im Einmannbetrieb.
Die BR 627.1 weist keine gesickten Wände auf, besitzt seit ihrer Anlieferung Schraubenkupplungen und Puffer und hat eine geänderte Frontgestaltung mit höher gelegtem Knick. Auch wurden andere Fenster eingebaut, bei denen nur jedes zweite noch ein klappbares Oberteil aufweist. Die BR 627.0 ist demgegenüber mit Übersetzfenstern ausgestattet. Alle Triebwagen tragen noch den ozeanblau/beigen Anstrich der siebziger Jahre.

Die fünf Triebwagen werden in Kempten gewartet und sind im Allgäu anzutreffen.

Technische Daten

Achsformel	B'2'
Länge über Puffer	23600 mm
Dienstmasse	35,5 t
Art des Antriebs	hydraulisch
Nennleistung	287 kW
Höchstgeschwindigkeit	120 km/h

Dieseltriebwagen

1974 wurde neben einem einteiligen auch zwölf zweiteilige, kurzgekuppelte Triebzüge für den Verkehr auf Nebenbahnen gebaut. Ein Serienbau des 628.0 unterblieb jedoch

Aus dem 627.0 wurde der Doppeltriebwagen 628.0 abgeleitet

Die Wagenkästen sind in Leichtbauweise erstellt, wobei die Seitenwände unterhalb der Fenster sowie das Dach zur Erhöhung der Stabilität gesickt wurden. Auf die Drehgestelle der Bauart Wegmann stützen sich die Wagenhälften über Luftfederbälge ab. Mitte der achtziger Jahre wurden die Scharfenbergkupplungen durch herkömmliche Zug- und Stoßvorrichtungen ersetzt.

Pro Fahrzeug ist ein Zwölfzylinder-Dieselmotor eingebaut, der das am Kurzkuppelende liegende Drehgestell antreibt. Eine Impulssteuerung regelt über einen Fahr- und Bremsstufengeber die Leistung der Motoren. Eine Vielfachsteuerung läßt den gemeinsamen Einsatz von bis zu sechs Einzelfahrzeugen zu. Bei mehreren Triebwagen wurde inzwischen ein Motor ausgebaut.

Von Kempten aus werden die Triebwagen der Reihe 628.0 vor allem in Südbayern eingesetzt.

Technische Daten

Achsformel	2'B'+B'2'
Länge über Puffer	44350 mm
Dienstmasse	64 t
Art des Antriebs	hydraulisch
Nennleistung	2x 213/221 kW
Höchstgeschwindigkeit	120 km/h

Dieseltriebwagen

Instandhaltungsaufwendig wirkte sich beim 628.0 die Doppelmotorisierung aus. Daher wurde 1981 eine Variante mit nur einer Motoranlage als BR 628.1/928.1 in Dienst gestellt

Das zweiteilige Pendant zum 627.1 erhielt die Bezeichnung 628.1

Duewag war von der DB mit dem Bau der drei Züge 628 101/928 101 bis 628 103/928 103 beauftragt worden. 1981 erfolgte die Ablieferung.

Gegenüber der BR 628.0 fallen die Wagen äußerlich durch die glatten Seitenwände, die von Anfang an eingebauten herkömmlichen Zug- und Stoßvorrichtungen sowie die geänderte Frontgestaltung auf. Außerdem wurden keine Übersetzfenster mehr eingebaut, sondern solche mit kleinen Klappen im oberen Bereich. Innen kamen vermehrt Bauteile aus dem Omnibusbau zum Einsatz, um die Fertigungskosten zu reduzieren. Der Verzicht auf eine der beiden Motoranlagen führte zu einer langsameren Beschleunigung der Züge, die daher für einige Strecken nicht mehr zugelassen werden konnten. Wie die übrigen Serien besitzt die BR 628.1 eine Vielfachsteuerung.

Von Kempten aus werden die Züge im Allgäu eingesetzt.

Technische Daten

Achsformel	2'B'+2'2'
Länge über Puffer	45150 mm
Dienstmasse	61 t
Art des Antriebs	hydraulisch
Nennleistung	357 kW
Höchstgeschwindigkeit	120 km/h

Dieseltriebwagen

1986 beschaftte die DB endlich eine Großserie zweiteiliger Dieseltriebwagen für den Nahverkehr. Die Baureihe 628.2 stellte sich als gelungene Konstruktion heraus

Der 628.2 erwarb den Ruf eines „Nebenbahn-Retters"

Duewag, LHB und MBB traten 1986 bis 1989 als Lieferanten der 150 zweiteiligen Züge auf, die mit den Nummern 628 201/928 201 bis 628 350/928 350 in den Bestand eingereiht wurden.

Gegenüber der BR 628.1 ist im Steuerwagen ein Abteil erster Klasse vorhanden. Zwischen den beiden Fahrzeugen ist anstelle eines Faltenbalges ein Gummiwulst vorhanden, worduch die Durchgangsbreite vergrößert werden konnte. Alle Fahrzeuge wurden in türkis und lichgtrau abgeliefert. Einige sind bereits in verkehrsroter Farbe im Einsatz. Technisch konnte die Konzeption des 628.1 größtenteils übernommen werden. Der Antrieb erfolgt vom Zwölf-Zylinder-Dieselmotor über eine Gelenkwelle und ein Zwei wandler-Getriebe auf die beiden Achsen des hinteren Drehgestells. Eine Vielfachsteuerung ist vorhanden.

Der Einsatz der Baureihe 628.2 erfolgt beinahe bundesweit.

Technische Daten

Achsformel	2'B'+2'2'
Länge über Puffer	45400 mm
Dienstmasse	66,9 t
Art des Antriebs	hydraulisch
Nennleistung	410 kW
Höchstgeschwindigkeit	120 km/h

Dieseltriebwagen

Die vielseitigen Einstzmöglichkeiten des 628 verlangten nach weiteren Fahrzeugen, die mit geringen Änderungen als Baureihe 628.4 in den Bestand eingereiht wurden

Die Weiterentwicklung des 628.2 erhielt die Bezeichnung 628.4

In mehreren Bauserien verließen zwischen 1992 und 1996 insgesamt 309 Züge die Werkhallen von AEG, Duewag und LHB. Sie erhielten die Betriebsnummern 628 401/928 401 bis 628 709/ 928 709.
Dabei wurden die vier Züge 628 405-408 von Beginn an nicht der DB, sondern den Eisenbahnen und Verkehrsbetriebe Elbe-Weser übergeben. Die Züge 628 505 und 506 sind im Besitz der Luxemburgischen Staatseisenbahnen und werden von der DB grenzüberschreitend eingesetzt.

Von der Vorgängerbauart unterscheiden sich die Züge durch den vergrößerten Einstieg am Kurzkupplungsende und unter den Puffern angebrachte Unterfahrbleche. Auch die Technik des VT 628.4 unterscheidet sich nur wenig vom Vorgänger. Es wurde nur ein anderes Getriebe eingebaut. Alle Züge erhielten bei Ablieferung den türkis/lichtgrauen Anstrich. Seit 1997 werden die ersten in verkehrsrot lackiert.

Der Einsatz der Fahrzeuge erfolgt bundesweit.

Technische Daten

Achsformel	2'B'+2'2'
Länge über Puffer	46400 mm
Dienstmasse	69,9 t
Art des Antriebs	hydraulisch
Nennleistung	485 kW
Höchstgeschwindigkeit	120 km/h

Dieseltriebwagen

Speziell für Einsätze in der Pfalz wurde eine kleine Serie doppelt motorisierter Fahrzeuge geschaffen; mit ihnen schließt sich der Kreis wieder zur Baureihe 628.0

Die Züge, aus zwei Motorwagen baugleich zur Reihe 628.4 bestehend, wurden im türkis/lichtgrauen Regionalbahn-Farbschema lackiert

Fünf zweiteilige Züge lieferte AEG 1995 an die Deutsche Bahn. Sie erhielten die Betriebsnummern 628 901/629 001 bis 628 905/928 005.

Die fünf Triebzüge weisen mit Ausnahme der Motorisierung beider Wagenhälften keine Änderungen gegenüber der Standardbauart auf. Auch die Inneneinrichtung wurde beibehalten. Im 629 ist ein für Raucher reservierter Großraum 2. Klasse mit 48 Plätzen vorhanden, daneben ein 1. Klasse-Bereich mit 12 Plätzen. Der VT 628.9 weist einen Großraum zweiter Klasse mit 64 Plätzen und zwei Klappsitzen auf. Hier können Rollstuhlfahrer bequem mitreisen.

Der Einsatz erfolgt vom Betriebshof Kaiserslautern aus, wobei die ursprünglich vorgesehene steigungsreiche Einsatzstrecke Mainz – Alzey inzwischen von Fahrzeugen anderer Bauarten bedient wird, da das Platzangebot der VT 628.9 nicht ausreichte.

Technische Daten

Achsformel	2'B'+B"2'
Länge über Puffer	46400 mm
Dienstmasse	84 t
Art des Antriebs	hydraulisch
Nennleistung	2x 485 kW
Höchstgeschwindigkeit	120 km/h

Dieseltriebwagen

Einen höheren Fahrkomfort versprach sich die DB bei der BR 624 durch eine gleisbogenabhängige Wagenkastensteuerung. Nach Versuchen wurden einige Fahrzeuge umgebaut

Nur für kurze Zeit fuhren die 634 mit gleisbogenabhängiger Steuerung

25 Triebwagen und 17 Mittelwagen der Baureihen 624/924 wurden mit der gleisbogenabhängigen Steuerung (GSt) ausgestattet. Sie behielten ihre Ordnungsnummern, wurden aber in die neue Baureihe 634 eingereiht. Die so hergerichteten Fahrzeuge konnten für 140 km/h zugelassen werden. Mittlerweile ist die GSt jedoch wieder außer Betrieb gesetz. Die Fahrzeuge wurden wie die 624/924 in den achtziger und frühen neunziger Jahren modernisiert.

Gemeinsam mit der BR 624 werden die 634 von Osnabrück aus eingesetzt.

Technische Daten

Achsformel	B'2'+2'2'+2'B'
Länge über Puffer	79420 mm
Dienstmasse	112 t
Art des Antriebs	hydraulisch
Nennleistung	2x331 kW
Höchstgeschwindigkeit	140 km/h

Dieseltriebwagen

Die einteiligen Triebwagen der Baureihe 640 gehören zu den neuen Regional- und Nahverkehrsfahrzeugen der DB. Sie entstehen bei Alstom LHB im niedersächsischen Salzgitter

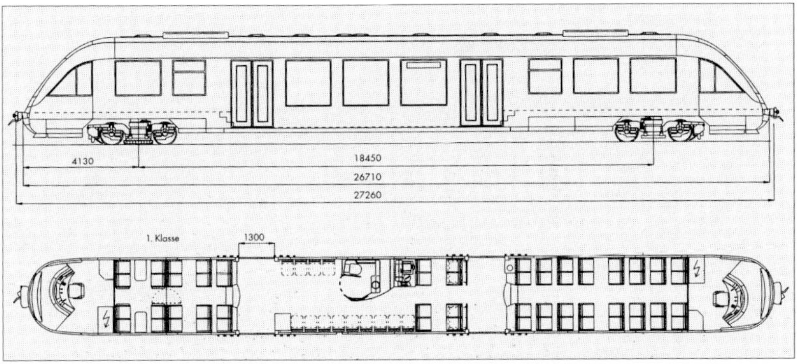

Der neue Triebwagen entsteht in Zusammenarbeit mit dem französischen Waggonbauer De Dietrich; er gehört zur Fahrzeugfamilie „LINT"

Bei dieser Baureihe handelt es sich um ein aus dem Leichttriebwagenkonzept „LINT" abgeleitetes Fahrzeug für Nebenstrecken. Alsthom LHB in Salzgitter hat mit „LINT" ein Baukastensystem für ein- und zweiteilige Leichttriebwagen (letztere als Gelenk- oder Doppeltriebwagen) entwickelt.

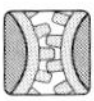

Das Fahrzeug verfügt über eine unterflur angeordnete Antriebsanlage, die auf ein Triebdrehgestell wirkt. Die in Stahlleichtbau gefertigten Wagenkästen entsprechen der UIC-Forderung nach einer statischen Belastbarkeit von 1500 kN Prüfkraft in Längsrichtung. Angetrieben werden die Fahrzeuge durch einen schadstoffarmen 351 kW leistenden Dieselmotor, der der EURO-2-Norm entspricht. Von dieser Baureihe wurden zunächst nur 30 Exemplare durch die Deutsche Bahn bestellt.

Technische Daten

Achsformel	B'2"
Länge über Kupplung	27,26 m
Dienstmasse	50 t
Art des Antriebs	hydraulisch
Nennleistung	351 kW
Sitzplätze/Stehplätze	73/115
Höchstgeschwindigkeit	120 km/h

641 Dieseltriebwagen

Das zweite LHB-Leichtbaufahrzeug – wie der 640 in Kooperation mit dem französischen Waggonbauer De Dietrich entwickelt – ist ebenfalls ein einteiliger Triebwagen

Vom 640 unterscheidet sich der 641 durch eine zusätzliche Anbtriebsanalage

Die BR 641 ist für Ende 1998 zur Übergabe an die DB vorgesehen. Aufgrund der guten Motorisierung ist der 641 eher für steigungsreiche Strecken gedacht. Er besitzt zwei Antriebsanlagen mit insgesamt 514 kW Leistung.

Die ersten zwölf Triebwagen sollen ab 1999 im Westerwald auf den Strecken Limburg – Altenkirchen – Au und Limburg – Siershahn verkehren. Als Besonderheit verfügen die 641 über einen Seitenaufprallschutz, der den Fahrgästen bei einem Unfall am Bahnübergang größtmöglichen Schutz bieten soll. DB und SNCF erhalten von diesem Fahrzeug je 40 Stück, die französische Bezeichnung wird TER X 73500 lauten.

Technische Daten

Achsformel	B'2'
Länge über Kupplung	28,9 m
Dienstmasse	55 t
Art des Antriebs	hydraulisch
Nennleistung	2 x 257 kW
Sitzplätze/Stehplätze	80/148
Höchstgeschwindigkeit	140 km/h

Dieseltriebwagen

Hinter der futuristischen Hülle des 642 steckt ein alter Bekannter: Er ist abgeleitet vom 1995 zunächst für nichtbundeseigene Bahnen entwickelten „RegioSprinter“

Noch im Modell: der zweiteilige Dieseltriebwagen BR 642

Der erste zweiteilige Zug der Baureihe 642, hergestellt von Siemens Verkehrstechnik, stand im Herbst 1998 zum „Roll-Out“ an. Auch er entstammt einer modularen Fahrzeug-Familie, genannt DESIRO.

Die Wagenkästen sind als selbsttragende Aluminium-Konstruktionen ausgeführt, die fahrzeugköpfe als selbsttragende Kunststoff-Schalen gefertigt. Beide Wagenkästen sind über ein Jakobsdrehgestell verbunden. Die beiden autarken 6-Zylinder-Dieselmotoren wirken auf je ein mechanisches 5-Gang-Automatikgetriebe mit Anfahrwandler und integriertem Retarder.

Die Ablieferung der 150 Fahrzeuge soll sich bis 2000 erstrecken.

Technische Daten

Achsformel	B'(2)B'
Länge über Kupplung	41,7 m
Dienstmasse	64 t
Art des Antriebs	mechanisch
Nennleistung	2 x 275 kW
Sitzplätze 1./2. Klasse	12/111
Höchstgeschwindigkeit	120 km/h

643 Dieseltriebwagen

Ab 1999 ist die Auslieferung der dieselmechanischen Triebwagen der Reihe 643 vorgesehen. Sie entsprechen bis auf den Antrieb dem der Baureihe 644

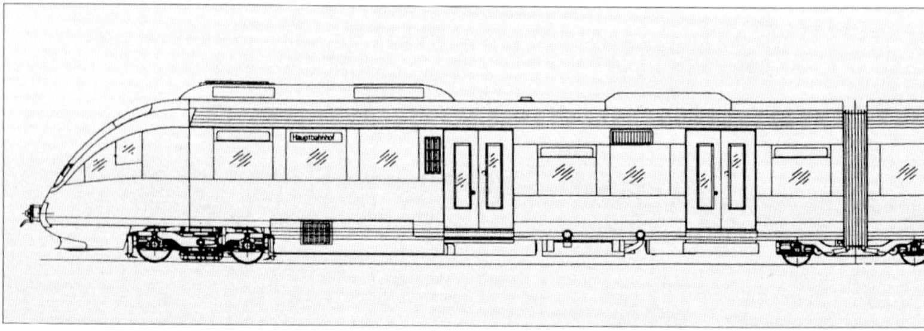

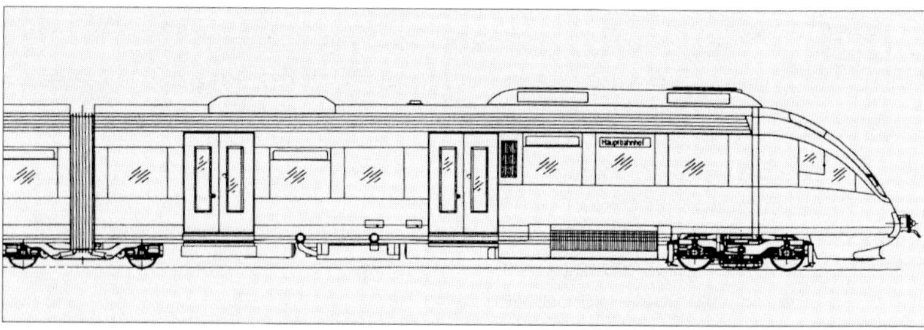

Ansichten der beiden Endwagen der Typenfamilie 643/644

75 Exemplare der BR 643 hat die DB bestellt. Diese Vertreter der TALENT-Familie werden für die Nahverkehrs-Regionalbereiche Rhein-Mosel, Rhein-Ruhr sowie Saarland-Westpfalz beschafft. Hier ist die Bedienung zahlreicher Strecken in den Bereichen um Dortmund, Essen, Kaiserslautern, Koblenz, Saarbrücken und Trier vorgesehen.

Technische Daten

Achsformel	B'(2)(2)B'
Länge über Kupplung	52,16 m
Dienstmasse	55 t
Art des Antriebs	mechanisch
Stundenleistung	2x265+2x315 kW
Sitzplätze/Stehplätze	137/150
Höchstgeschwindigkeit	120 km/h

Dieseltriebwagen

Bei der Baureihe 644 handelt es sich um dreiteilige Triebzüge, die innerhalb der modular aufgebauten TALENT-Familie für den Einsatz im S-Bahn-ähnlichen Betrieb adaptiert wurden

Am 13. März 1998 wurde der erste „Talent" an die Deutsche Bahn übergeben

Ein dreiteiliger Triebwagenzug 644.0–944.0–644.5 besteht aus zwei technisch weitgehend identischen Endtriebwagen, welche über je ein zweiachsiges Jacobs-Drehgestell mit einem antriebslosen Mittelwagen verbunden sind.Der Fahrzeugaufbau besteht aus den in Leichtbauweise erstellten Wagenkästen mit Untergestellen aus korrosionsträgem Edelstahl. Die Seitenwände bildet ein Aluminiumgerippe mit einer Bekleidung aus glasfaserverstärktem Kunststoff (GfK), die strömungsgünstig gestalteten Kopfmodule mit den Führerständen und die Fahrzeugdächer sind vollständig aus GfK gefertigt. Die Außenscheiben der doppelt verglasten und getönten Fenster sind bündig eingeklebt.

Die Primärfederung der Drehgestelle erfolgt durch Gummielemente, die Sekundärfederung vermittels Luft. Die Triebwagen verfügen über eine automatische Mittelpufferkupplung der Bauart Scharfenberg. Jeder Triebwagen besitzt einen MTU-Diesel 12 V 183 TD 13 mit Torbolader und Ladeluftkühlung.

Technische Daten

Achsformel	B'(2)(2)B'
Länge über Kupplung	52,16 m
Dienstmasse	87 t
Art des Antriebs	elektrisch
Stundenleistung	2 x 257 kW
Sitzplätze/Stehplätze	161/150
Höchstgeschwindigkeit	120 km/h

Doppelstock-Dieseltriebwagen

Der Betriebsteil Ammendorf der DWA stellte 1994 einen Doppelstock-Schienenbus als kostengünstige Alternative für den Nahverkehr auf Nebenstrecken vor

Das Leichtbaufahrzeug mit seinem bemerkenswerten Design führte bei der DB zur Bestellung von zunächst sechs Doppelstock-Schienenbussen, die ausgiebig erprobt wurden und zur Bestellung einer kleinen Serie geführt haben. Der VT 670 ist für schwach frequentierte Nebenstrecken gedacht und entspricht den Bestimmungen der Eisenbahn-Bau- und Betriebsordnung nur zum Teil. Um die geringere Sicherheit bei Kollisionen auszugleichen, wurden besonders leistungsfähige Bremsen eingebaut. Zwei der bislang ausgelieferten Fahrzeuge tragen die aktuelle DB-Farbgebung in verkehrsrot mit weißen Streifen und Türen, während die übrigen vier ein dem ICE entlehntes Farbschema in weiß mit rotem Zierstreifen tragen.

Der niederflurige Wagenkasten ist als stählerne Gerippekonstruktion mit aufgeklebten Blechen im Mittelteil ausgeführt. Die nicht zu öffnenden Fenster sind geklebt. An jeder Fahrzeugseite ist eine zweiflügelige Schwenk-Schiebetür angeordnet. Zug- und Stoßeinrichtungen sind bei der BR 670 nicht vorgesehen; sie verfügt nur über eine Stoßleiste und eine verdeckte Abschleppkupplung. Die beiden Radsätze, von denen nur einer angetrieben wird, sind in Einzel-Radsatzlaufwerken gelagert und schraubengefedert. 78 Sitz- und 32 Stehplätze sind vorhanden, wobei zwei Wendeltreppen die Verbindung zum Oberdeck herstellen. Dieses wird vom Fahrerplatz aus videoüberwacht, um Vandalismus verhindern zu können.

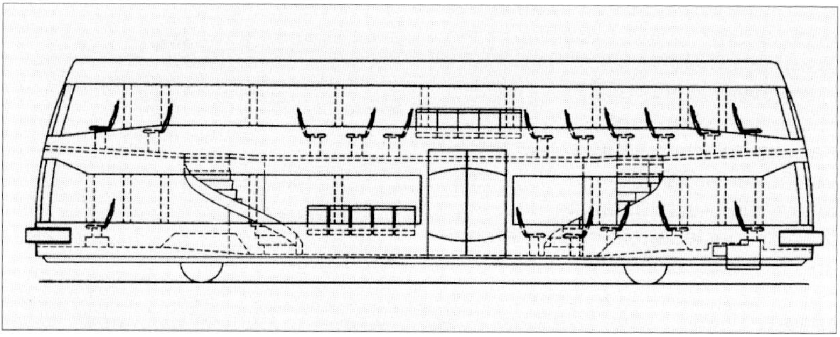

Ungewöhnlich ist das Design des DWA-Doppelstock-Schienenbusses

Der Innenraum mit Wand- und Deckenverkleidungen aus Kunststoff und gepolsterten sitzen entspricht heutigen Anforderungen.

Als Antriebsaggregat dient ein MTU-Sechszylinder-Dieselmotor vom Typ 6 V 183 TD 13 mit Abgasturboaufladung und Ladeluftkühlung. Ein hydromechanisches Viergang-Lastschaltgetriebe der Zahnradfabrik Friedrichshafen dient der Kraftübertragung. Mit dem Radsatzgetriebe ist es über eine Gelenkwelle verbunden. Eine hydraulisch betätigte und elektronisch gesteuerte Scheibenbremsanlage und eine als Halte- und Schnellbremse vorgesehene Federspeicherbremse sind installiert. Eine Besonderheit ist die Ausstattung der Fahrzeuge mit Klimaanlagen, um der Aufheizung durch die großen Scheibcn entgegenzuwirken.

Die Triebwagen werden auf Nebenbahnen um Weimar sowie auf der Strecke Stendal – Tangermünde planmäßig eingesetzt.

Technische Daten

Achsformel	1'A'
Länge über Puffer	16332 mm
Dienstmasse	34,25 t
Art des Antriebs	hydromechanisch
Nennleistung	250 kW
Höchstgeschwindigkeit	100 km/h

Diesel-Gütertriebwagen

Zur Steigerung der Attraktivität im Güterverkehr hat die DB mit dem CargoSprinter ein neues Modell geschaffen, daß ohne Aufwand Fracht von Anschluß zu Anschluß transportieren soll

Mit dem CargoSprinter will die DB den Güterverkehr flexibler gestalten

Die erste Kleinserie des CargoSprinter wurde von Windhoff geliefert und besteht aus vier fünfteiligen Fahrzeugen (690 001/501 – 003/503). Die drei Mittelwagen sind herkömmliche zweiachsige Containertragwagen, die vierachsigen Endwagen tragen zusätzlich eine Fahrerkabine und Antriebsanlagen. Die Motorwagen bestehen aus dem durchgehenden, für die Aufnahme der Container vorbereiteten Rahmen und die darauf aufgesetzte, luftgefederte Kabine mit Kilmaanlage. Eine automatische Mittelpufferkupplung (Z-AK) erlaubt die Verbindung mehrerer Züge.

Den Antrieb besorgt pro Motorwagen ein Sechszylinder-Dieselmotor von Volvo. Die Kraftübertragung geschieht über ein Fünfgang-Automatikgetriebe auf die Wendegetriebe und die Achsgetriebe.

Neben der laufenden Erprobung erfolgen erste Planeinsätze zusammen mit den BR 691.

Technische Daten

Achsformel	B'2'+...+2'B'
Länge über Puffer	91 m
Dienstmasse	120 t
Art des Antriebs	Automatikgetriebe
Nennleistung	2x 265 kW
Höchstgeschwindigkeit	120 km/h

Diesel-Gütertriebwagen

Die zweite Serie des Versuchs-Gütertriebwagens umfaßte drei Einheiten, die im Gegensatz zum 690 jedoch nicht von Windhoff, sondern von Talbot in Aachen gebaut wurden

Im September 1997 begann der Plandienst für den Cargo-Sprinter

Die zweite Versuchsserie des Cargo-Sprinters entstand mit drei fünfteiligen Einheiten bei Talbot in Aachen (691 001/501 – 003/503). Im technischen Aufbau entsprechen die Fahrzeuge der BR 690; sie unterscheiden sich jedoch durch geänderte Führerhäuser.

Seit dem 29. September 1997 werden vier der Fahrzeuge im Auftrag der Speditionen Birkart und Gebr. Hellmann in einem festen Umlauf zwischen Maschen bzw. Osnabrück und der CargoCity Süd am Frankfurter Flughafen eingesetzt; gekoppelt werden die Flügelzüge in Hannover. In der ersten Phase des Einsatzes ist die Verlagerung von 5.000 LKW-Fahrten pro Jahr auf die Schiene vorgesehen, was etwa 2,4 Millionen LKW-Kilometern entspricht.

Technische Daten

Achsformel	B'2'+...+2'B'
Länge über Puffer	91 m
Dienstmasse	120 t
Art des Antriebs	Automatikgetriebe
Nennleistung	2x 265 kW
Höchstgeschwindigkeit	120 km/h

Bahndienstfahrzeuge

Mit der fortschreitenden Elektrifizierung der Strecken der Deutschen Bundesbahn in den fünfziger Jahren entstand Bedarf an modernen Wartungsfahrzeugen auf Basis des VT 98

Die Turmtriebwagen werden für Fahrleitungsreparaturen benötigt

Der Wagenkasten ist gegenüber den Schienenomnibussen höher ausgeführt. Zwischen den Endführerständen befindet sich der Werkstatt- und Aufenthaltsraum mit Werkbank, Regalen, Sitz- und Waschgelegenheit. Auf dem Dach ist ein Stromabnehmer zur Erdung und Prüfung der Fahrleitung angeordnet. Den größten Teil des Daches nimmt eine hydraulisch heb- und schwenkbare Arbeitsbühne mit einer Tragfähigkeit von 300 kg ein. Weiter sind eine Beobachtungskanzel und Suchscheinwerfer vorhanden. Die meisten Wagen tragen den gelben Anstrich der DB-Arbeits- und Dienstfahrzeuge.

Fast alle Instandhaltungsbetriebe für die Fahrleitungsanlagen in den alten Bundesländern haben die Turmtriebwagen der Reihen 701 oder 702 im Bestand.

Technische Daten

Achsformel	AA/A1*
Länge über Puffer	13950 mm
Dienstmasse	24,4/21,8* t
Art des Antriebs	mechanisch
Nennleistung	222/111* kW
Höchstgeschwindigkeit	90 km/h

*702

Als Nachfolgebauart für die älteren Turmtriebwagen wurde der 703 als Instandhaltungs-Fahrzeug für Oberleitungsanlagen, kurz als IFO bezeichnet, gebaut

Der Geschäftsbereich Netz der DB entschied sich, in der Nachfolge der in die Jahre gekommenen Turmwagen der Reihen 701/702 der ehemaligen DB und 708.0 und 2 sowie der unmotorisierten Fahrleitungs-Montagewagen der früheren DR anstelle der zunächst noch von der DR beschafften drei großen Plasser & Theurer-Fahrzeuge der Reihe 709 zwei verschieden große, auf den jeweiligen Verwendungszweck optimal zugeschnittene Fahrzeugtypen für die Installierung und Unterhaltung der Fahrleitungen zu beschaffen. Das kleinere, zweiachsige Fahrzeug mit dem angeschriebenen Namen „IFO" als Abkürzung für „Instandhaltungs-Fahrzeug Oberleitungsanlagen" ist vornehmlich für Prüf- und Wartungsarbeiten gedacht. 1996 erfolgte die Auslieferung der neun, im für Bahndienstfahrzeuge üblichen Gelb lackierten, Fahrzeuge als Baureihe 703 im Regelfahrzeugpark der DB eingegliederten Fahrzeuge.

Der vollständig unterflur angebrachte Antrieb der zweiachsigen 703 erfolgt durch einen MAN-Sechszylinder-Dieselmotor D 2865 LOH-10 mit einer Leistung von 213 kW über ein hydromechanisches Lastschaltgetriebe der Zahnradfabrik Friedrichshafen auf beide Achsen. Ein zweiter MAN-Motor

Der 703 ist das modernste Instandhaltungsfahrzeug für Oberleitungen

D 0824 mit einer Leistung von 81 kW dient, neben der Versorgung der Hydraulikantriebe der Arbeitsgeräte, in Verbindung mit einem hydrostatischen Antrieb der Schleichfahrt bis zu 5 km/h bei Arbeiten an der Oberleitung.

Technische Daten

Achsformel	B
Länge über Puffer	13940 mm
Dienstmasse	32 t
Art des Antriebs	hydromechanisch
Nennleistung	213/81 kW
Höchstgeschwindigkeit	100 km/h

704 Bahndienstfahrzeuge

Die vierachsigen Turmtriebwagen der Baureihe 704 werden heute für Wartungs- und Reparaturzwecke auf den Schnellfahrstrecken der Deutschen Bahn eingesetzt

Unverkennbar ist die Verwandtschaft der vierachsigen Turmtriebwagen zur Baureihe 627

Die Triebwagen basieren auf der 1974 vorgestellten Baureihe 627.0 und tragen die Betriebsnummern 704 001-005. Der Wagenkasten, bestehend aus einer Stahlgerippekonstuktion und aufgeschweißten Bekleidungsblechen, stützt sich über eine Luftfederung auf die beiden vierachsigen Drehgestelle ab.
Auf dem Dach wurden ein Meßstromabnehmer, eine Arbeitsbühne, eine Beobachtungskanzel und Suchscheinwerfer installiert. Innen ist neben den Führerständen ein großer Werkstattraum vorhanden, der über seitliche Falttüren von außen zugänglich ist.

Die Antriebsanlage ist identisch mit jener der Baureihe 627.0. Zwei Achtzylinder-Dieselmotoren von KHD treiben über je ein hydraulisches Getriebe die vier Radsätze des Fahrzeugs an.

Technische Daten

Achsformel	B'B'
Länge über Puffer	23400 mm
Dienstmasse	52 t
Art des Antriebs	hydraulisch
Nennleistung	574 kW
Höchstgeschwindigkeit	140 km/h

Bahndienstfahrzeuge

Für die Wartung der langen Tunnel auf den Schnellfahrstrecken beschaffte die DB ein neues Spezialfahrzeug mit dem Namen „TIF“ (Tunnelinstandhaltungsfahrzeug) bedeutet

Das Tunnelinstandhaltungsfahrzeug ist ein Einzelgänger im DB-Fahrzeugpark

Die Deutsche Plasser lieferte das Fahrzeug mit der Nummer 705 001 im Jahre 1992 an die DB aus.

Auf dem österreichischen Turmtriebwagen MTW 100 basierend, weist das TIF einen geschweißten Rahmen auf, der den nicht über die gesamte Länge reichenden Aufbau trägt. Dessen Dach ist begehbar und mit umklapparen Geländern versehen. Außerdem ist eine Hubdrehbühne installiert. Weiterhin gehört ein Hubsteiger zur Ausrüstung, der bis auf elf Meter über Schienenoberkante gehoben werden kann. Der Innenraum ist mit zwei Führerständen, Mehrzweckraum, Büro, Aufenthaltsraum und Naßzelle eingerichtet.

Für Streckenfahrten ist ein Zwölfzylinder-Dieslmotor eingebaut, für Untersuchungsmeßfahrten ein zusätzlicher Vierzylindermotor.

Das Fahrzeug 705 001 ist in Karlsruhe stationiert und wird bundesweit eingesetzt.

Technische Daten

Achsformel	2'B'
Länge über Puffer	15920 mm
Dienstmasse	50 t
Art des Antriebs	hydromechanisch
Nennleistung	367+44 kW
Höchstgeschwindigkeit	120 km/h

Auf der Hannover-Messe 1997 stellte die Gleisbaumechanik Brandenburg erstmals ihr neuentwickeltes „Oberleitungs-Montagefahrzeug“ (OMF) vor

Abnahmebild des noch nicht fertig lackierten 706 001 im Hof des Herstellers

Der Fahrzeugrahmen besteht aus einer Schweißkonstruktion aus Quer- und Längsträgern. Das Fahrzeug besitzt beidseitig Füherstände; an einem Fahrzeugende befindet sich eine Plattform zur Aufnahme eines Drehkrans. Auf dem anderen Fahrzeugende befinbdet sich ein Meßstromabnehmer. Der Rahmen ruht auf je einem Lauf- und einem Trieb-Drehgestelle des Typs GPH200.

Für den Fahr- und Arbeitsbetrieb ist das OMF mit zwei getrennten Dieselmotoren ausgestattet: Als Fahrmotor wurde der MAN D 2840 LF20 gewählt, während für die Arbeitsfahrt mit maximal 5 km/h ein hydrostatischer Antrieb mit einem MAN D 0824 LFL06 zum Einbau kam.

Das OMF erhielt bei der DB die Nummer 706 001 und ist bei der NL Bahnbau Leipzig stationiert.

Technische Daten

Achsformel	B'2'
Länge über Puffer	18700 mm
Dienstmasse	67 t
Art des Antriebs	hydrodynamisch
Nennleistung	441 kW
Höchstgeschwindigkeit	120 km/h

Die starke Ausdehnung des elektrischen Streckennetzes in der DDR zwang zur Beschaffung geeigneter Wartungsfahrzeuge. Eine größere Serie wurde als Baureihe 188.3 beschafft

Für Fahrleitungsarbeiten besitzt der 708.3 alle Voraussetzungen

Der VEB Waggonbau Görlitz lieferte die heute als VT 708.3 bezeichneten 37 Fahrzeuge 1987-1991 an die DR.

Wagenkasten und Rahmen sind geschweißte Konstruktionen. Die beiden zweiachsigen Drehgestelle sind modifizierte „Görlitz-V“-Drehgestelle. Radsatz- und Wiegenfederung besorgen Schraubenfedern. Der Innenraum weist neben den Führerständen einen Aufenthaltsraum, einen Werkstattraum und eine Toilette auf. Auf dem Dach sind eine Arbeitsbühne, ein Lehrstromabnehmer, eine Beobachtungskanzel und Scheinwerfer installiert. Eine Leiter kann auf 18 Meter Länge ausgefahren werden.

Den Antrieb besorgt ein Sechszylinder-Dieselmotor über ein Strömungsgetriebe und das Achsgetriebe.

Technische Daten

Achsformel	(1A)'2'
Länge über Puffer	22400 mm
Dienstmasse	58 t
Art des Antriebs	mechanisch
Nennleistung	330 kW
Höchstgeschwindigkeit	100 km/h

Die modernen Oberleitungs-Revisionstriebwagen 709 001-003 bestellte die DR 1992 drei Fahrzeuge bei Plasser & Theurer. Ihre Ablieferung erfolgte 1994 an die Deutsche Bahn

Der 709 ist weitgehend identisch mit dem österreichischen MTW 100

Auf dem Fahrzeugrahmen sitzt die fast über die gesamte Länge reichende Kabine, in der die beiden Führerstände, ein Werkstattraum, Aufenthaltsräume und ein Meßplatz mit Videoüberwachung der Fahrleitung eingerichtet sind. Das Dach ist mit einer Hubarbeitsbühne, einer Seildrückanlage, zwei Fahrdrahtmeßanlagen und einem Lehrstromabnehmer bestückt.

Der unterflur angeordnete Zwölfzylinder-Dieselmotor von Deutz treibt über Gelenkwellen und ein hydrodynamisches Getriebe mit Wendegetriebe die beiden Achsgetriebe eines Drehgestells an. Als Arbeitsmotor für langsame Geschwindigkeiten ist ein Vierzylinder-Motor von KHD eingebaut.

Die BR 709 werden von Dresden, Halle und Seddin aus eingesetzt.

Technische Daten

Achsformel	2'B'
Länge über Puffer	15840 mm
Dienstmasse	57 t
Art des Antriebs	hydromechanisch
Nennleistung	367/44 kW
Höchstgeschwindigkeit	120 km/h

Die älteren Turmtriebwagen der DB sollen durch die Reihe 711 „HIOB“ ersetzt werden. Das Kürzel steht für „Hubarbeitsbühnen-Instandhaltungsfahrzeug Oberleitungsanlagen“

Die Reihe 711 „HIOB“ mit Teleskoparbeitsbühne soll an die Stelle der älteren Turmtriebwagen treten

Der Kastenaufbau erstreckt sich über die gesamte Länge des vierachsigen Fahrzeugs. Neben den Führerständen sind ein Werkstattraum und ein großer Aufenthaltsraum mit Küche, Sitzecke und Naßzelle und Vakuum-WC vorhanden. Auf dem Dach sind eine frei schwenkbare Hubarbeitsbühne sowie eine zusätzliche Scherenhubbühne montiert. Beide können zu einer großen Arbeitsplattform vereint werden. Auf dem Dach sind ein Lehrstromabnehmer, eine Aussichtskanzel, eine Videokamera und Scheinwerfer installiert.

Eines der beiden Drehgestelle wird von einem MAN-Sechszylinder-Dieselmotor angetrieben, die Kraftübertragung erfolgt mit einem hydromechanischen Getriebe und Gelenkwellen.

Ein Arbeitsmotor für die Hydraulikgeräte kann dem Fahrmotor zugeschaltet werden kann.

Technische Daten

Achsformel	2'B'
Länge über Puffer	17240 mm
Dienstmasse	61 t
Art des Antriebs	hydromechanisch
Nennleistung	338/118kW
Höchstgeschwindigkeit	120 km/h

712

Bahndienstfahrzeuge

Die Profilfreiheit in Tunnels muß regelmäßig überprüft werden. Während dies früher mechanisch geschah, übernimmt seit einiger Zeit der 712 001 elektronisch diese Aufgabe

Die Konstruktion des vierachsigen 712 001 (PROM) basiert auf dem österreichischen Turmtriebwagen MTW 100. Der 712 101 (LIMEZ II) basiert auf dem PROM, ist aber kürzer und leichter ausgeführt

Die Deutsche Plasser lieferte den 712 001 („PROM") im Jahre 1993; ihm folgte 1997 der 712 101 („LIMEZ II"). Zum 712 101 gehört auch der eigentlich falsch genummerte, selbst antriebslose Meß-Anhänger 713 001.

Auf dem selbsttragenden Rahmen ruht der geschweißte Wagenkasten. Er läuft auf zwei zweiachsigen Drehgestellen. Auf dem Dach ist ein Lehrstromabnehmer vorhanden. Schiebewände ermöglichen die Freigabe der Meßelektronik an der Meßsäule. Im Innern sind ein Aufenthaltsraum mit Naßzelle und Küche, ein Rechnerraum, ein Raum mit der Meßsäule und ein Elektronikraum angeordnet. Der Wagen ist gelb lackiert. Bei Streckenfahrten wird ein Zwölfzylinder-Dieselmotor eingesetzt, bei Meßfahrten ein zusätzlicher Vierzylinder-Motor mit nachgeschaltetem Kriechmotor.

Die beiden 712 werden im Netz der DB und im Ausland für die Vermessung des Lichtraumprofils eingesetzt.

Technische Daten

Achsformel	2'B'
Länge über Puffer	17420/15920[1] mm
Dienstmasse	52/46[1] t
Art des Antriebs	hydraulisch
Nennleistung	367/370[1] kW
Höchstgeschwindigkeit	120 km/h

[1] 712 101

Bahndienstfahrzeuge

Speziell für den Einsatz vor sogenannten Tunnelrettungszügen auf den Neubaustrecken ließ die DB 13 Diesellokomotiven der Baureihe 212 umbauen

Im Notfall werden die Loks aus einer Kabine im Zug heraus ferngesteuert

Gegenüber der Normalausführung der BR 212 wurden die Maschinen mit zusätzlichen Leuchtscheinwerfern und einer Rundumblinkleuchte versehen. Fernsehkameras am kürzeren Vorbau ermöglichen es dem Fahrpersonal, auch in verqualmten Tunnels Sicht auf die Strecke zu haben. In diesem Fall wird die Lok von einem gasdichten Führerstand aus fernbedient, der sich im Transportwagen befindet. Die mehrfach umgezeichneten Loks tragen die Betriebsnummern 714 001-013. Sie werden derzeit von orientrot auf feuerwehrrot umlackiert.

Stationiert sind die Lokomotiven der Reihe 714 entlang den Schnellfahrstrecken Hannover – Würzburg und Mannheim – Stuttgart.

Technische Daten

Achsformel	B'B'
Länge über Puffer	12300 mm
Dienstmasse	63 t
Art des Antriebs	hydraulisch
Nennleistung	990 kW
Anfahrzugkraft	176,4 kN
Höchstgeschwindigkeit	100 km/h

716 Bahndienstfahrzeuge

Für die Neubaustrecke Hannover – Würzburg benötigte die DB eine leistungsfähige Schneeschleuder, die in kurzer Zeit am Einsatzort ist und eine hohe Arbeitsgeschwindigkeit erreicht

Zwei Schleudern wurden 1994 im Ausbesserungswerk Meiningen gebaut und als 716 001 und 002 eingereiht.

Auf dem auf zwei zweiachsigen Drehgestellen ruhenden Fahrgestellrahmen ist der um 180 Grad schwenkbare Aufbau montiert. Er besteht aus dem flachen Maschinenraum, dem geräumigen Führerhaus und dem davor angebrachten Schleudersatz. Letzterer besteht aus zwei übereinanderliegenden Vorschneidepropellern und dem Wurfschaufelrad. Die Lackierung ist in Gelb ausgeführt.

Als Antriebsmotor dient ein aufgeladener Zwölfzylinder-Dieselmotor von Daimler-Benz, dessen Leistung über ein Hydraulikgetriebe und Gelenkwellen auf die Achsgetriebe aller vier Achsen übertragen wird. Die Schleudereinrichtung wird von einem weiteren Motor dieses Typs über ein Zahnradgetriebe angetrieben.

Die Fahrzeuge sind in Fulda und Hildesheim stationiert.

Technische Daten

Achsformel	B'B'
Länge über Puffer	16500 mm
Dienstmasse	80 t
Art des Antriebs	hydraulisch
Nennleistung	612 kW
Höchstgeschwindigkeit	120 km/h

Um Schäden am Gleis rechtzeitig erkennen zu können, besitzt die DB zwei Ultraschall-Prüfzüge. Sie befahren das Streckennetz in einem festen Turnus

Der auf der Baureihe 614 basierende Schienenprüfzug 719 001

Das Prüfen mit Ultraschall bietet den Vorteil, daß auch kleinste Schienenfehler zerstörungsfrei erkannt werden. 1975 lieferte MBB den ersten dreiteiligen Prüfzug an die DB. Er lehnt sich konstruktiv an den VT 614 an; seine Betriebsnummern lauten 719 001/ 720 001/719 501.
Der zweite, modernere Prüfzug wurde von Plasser & Theurer 1996 gebaut und mit den Nummern 719 101/ 720 101/ 719 102 in den Fahrzeugbestand eingereiht.

Die Schienenprüfzüge werden auch von ausländischen Bahngesellschaften angemietet

Die Konstruktion von Wagenkästen und Laufwerken der VT 719.0/ 720.0 entspricht dem VT 614. Der 719 001 enthält einen Aufenthaltsraum, die Küche, einen Wasch- und Duschraum sowie drei Schlafabteile. Im 719 501 sind neben einem Wasch- und einem Duschraum fünf Schlafabteile vorhanden. Der Mit-

Bahndienstfahrzeuge

1996 wurde der neue „Schienenprüf-Express“ 719.1 vorgestellt

telwagen 720 001 nimmt die Meßtechnik auf. Unter dem Fahrzeugboden ist dazu ein absenkbarer Prüfträgerwagen angeordnet. Die Meßgeschwindigkeit darf maximal 50 km/h betragen.
Der Bau des zweiten dreiteiligen „Schienenprüf-Express“ 719 101, 720 101 und 719 102 lag in den Händen von Plasser & Theuerer in Linz. Unter Verwendung von Drehgestellen der Schweizerischen Industriegesellschaft entstand 1995/96 als Einzelanfertigung das Fahrzeug mit der Bezeichnung „SPE 140“. Die Meßtechnik wurde wiederum durch die DB in Minden eingebaut. Genau in Wagenmitte ist am Fahrgestellrahmen der vierachsige heb- und senkbare Prüfkopfträgerwagen angeordnet. Jede Achse besitzt abwechselnd ein Trag- und ein Leitrad, mit dieser Kombination wird eine genaue Führung der Prüfköpfe am Gleis gewährleistet. An den Langseiten des Trägerwagens befinden sich die spurabhängig geführten Prüfkopfträger. Der neue Prüfzug verfügt über eine leistungsfähigere Elektronik, so daß die Arbeitsgeschwindigkeit sogar 100 km/h betragen kann. Dieser Zug ist in gelb und lichtgrau lackiert, während der ältere 719/720 einen rein gelben Anstrich aufweist.

Beide Züge sind in Braunschweig stationiert.

Technische Daten

Baureihe	719.0	719.1
Achsformel	B'2 + 2'2' + 2'B'	B'2 + 2'2' + 2'B'
Länge über Puffer	79460 mm	70100 mm
Dienstmasse	164 t	192,7 t
Art des Antriebs	hydraulisch	hydraulisch
Nennleistung	2 x 368 kW	2 x 540 kW
Höchstgeschwindigkeit	140 km/h	140 km/h

Aus einmotorigen Schienenomnibussen der Baureihe 795 entstanden 1971 zwei Meßfahrzeuge zur Überprüfung der Streckenausrüstung der induktiven Zugsicherung (Indusi)

Die Kontrolltriebwagen entstanden aus Spenderfahrzeugen der Reihe 795

Der Wagenkasten wurde gegenüber dem Ursprungszustand abgeändert, so wurde je eine Tür pro Seite verschlossen und Suchscheinwerfer auf dem Dach installiert. Neben dem Fahrpult wurde ein Meßpult eingebaut, an dem die Funktionsfähigkeit der Gleismagnete überprüft werden kann. Zur Messung wird an Halt zeigenden Signalen in verschiedenen Geschwindigkeiten vorbeigefahren und die Beeinflussung durch die Magnete überprüft. Ein Meßschrank und eine Werkbank vervollständigen die geänderte Innenausstattung der beiden Wagen.

Die beiden Dienstfahrzeuge sind als 724 002 und 003 in den DB-Bestand eingereiht. Sie werden von ihrer Heimatdienststelle Wuppertal aus zusammen mit dem 728 001 bundesweit eingesetzt.

Technische Daten

Achsformel	A1
Länge über Puffer	13298 mm
Dienstmasse	17 t
Art des Antriebs	mechanisch
Nennleistung	111 kW
Höchstgeschwindigkeit	90 km/h

Bahndienstfahrzeuge

Als Kombination aus umgebauten Schienenbussen und neugebauten Steuerwagen entstanden in den siebziger Jahren Gleismeßfahrzeuge zur Überprüfung des Schienennetzes

Mit dem Meßzug wird regelmäßig die Gleislage der DB-Strecken geprüft

1974 nahmen die fünf Gleismeßzüge den Betrieb auf. Die Motorwagen der Baureihe 725 baute die DB aus Schienenomnibussen VT 798 um, während die Steuerwagen Neubauten sind.

Bei den Motorwagen wurden drei Fenster je Seite verschlossen und die Geräuschdämmung verbessert. Ein Führerstand entfiel, der Innenraum wurde mit Schlafabteilen, Waschraum, Aufenthaltsraum mit Kochgelegenheit und Kühlschrank und einem Maschinenraum mit einem Dieseldrehstrom-Aggregat zur Versorgung der Meßeinrichtungen ausgestattet. Der Steuerwagen fällt durch den höheren Wagenkasten auf, dessen Konstruktion von den zuvor gebauten Turmwagen der BR 701 übernommen wurde. Neben dem Führerstand ist ein großer Meßraum vorhanden.

Technische Daten

Achsformel (Zug)	AA + 2
Länge über Puffer (Zug)	27900 mm
Dienstmasse (Zug)	37 t
Art des Antriebs	mechanisch
Nennleistung	222 kW
Höchstgeschwindigkeit	90 km/h

Bahndienstfahrzeuge

Zur Kontrolle der Linienzugbeeinflussung auf den Schnellfahrstrecken baute die DB in eigener Werkstatt 1971 einen Meßwagen auf Basis des ersten Schienenbusses 795 113

Bereits 1971 ließ die DB den LZB-Prüftriebwagen 727 001 herrichten

Der zweiachsige Wagen besitzt ein geschweißtes Fahrgestell, auf das sich der Wagenkasten mit Schraubenfedern abstützt. Anstelle herkömmlicher Kupplungen sind Stoßfederbügel und leichte Scharfenberg-Kupplungen vorhanden. Anläßlich des Umbaus zum Arbeitswagen wurden je Seite eine Türe und mehrere Fenster verschlossen und ein gelber Anstrich angebracht. Suchscheinwerfer wurden auf den Dachenden montiert. Im Innenraum fanden ein LZB-Meßschrank und ein Computer Platz, an dem die Pegel- und Kreuzungsmessung ausgewertet werden können.

Der Triebwagen, für den übrigens der erste Serien-Schienenbus als Spenderfahrzeug diente, wird regelmäßig für Meßfahrten eingesetzt. Unterhalten wird er in seiner Heimat-Dienststelle München West.

Technische Daten

Achsformel	A1
Länge über Puffer	13298 mm
Dienstmasse	17,7 t
Art des Antriebs	mechanisch
Nennleistung	111 kW
Höchstgeschwindigkeit	90 km/h

Bahndienstfahrzeuge

Um die Funktionstüchtigkeit der Indusi-Magnete am Gleis zu überprüfen, verfügt die DB neben zwei Wagen der Baureihe 724 auch über den 728 001

Aus einem zweimotorigen Schienenbus wurde dieser Meßwagen hergerichtet

Das Ausbesserungswerk Kassel baute den 1955 gebauten Schienenbus 798 813 im Jahre 1985 zum Indusi-Prüftriebwagen um und gab ihm die neue Betriebsnummer 728 001.

Konstruktion und Aufbau des zweiachsigen Wagens entsprechen der BR 798. Siemens in Braunschweig lieferte die Meßtechnik, die im ehemaligen Fahrgastraum des Triebwagens eingebaut wurde.
Daneben wurden eine Werkbank, eine Aufenthaltsecke für die Begleitmannschaft und neben den Führerständen Raum für die begleitenden örtlichen Signaltechniker geschaffen. Der Wagen wurde gelb lackiert.

Er ist zusammen mit den beiden Indusi-Meßwagen VT 724 in Köln-Deutzerfeld beheimatet. Sein Einsatz erfolgt bundesweit.

Technische Daten

Achsformel	AA
Länge über Puffer	13950 mm
Dienstmasse	24 t
Art des Antriebs	mechanisch
Nennleistung	222 kW
Höchstgeschwindigkeit	90 km/h

Die bislang letzten Umbauten von Schienenbussen der Baureihe 798 in Bahndienstfahrzeuge stellen die Signaldienst-Wagen der Baureihe 740 dar

Der Signaldienstwagen bringt bei Störungen die Techniker zum Einsatzort

Im Ausbesserungswerk Kassel wurden 1990 bis 1992 sechs Schienenomnibusse der Reihe 798 ihrem neuen Aufgabengebiet angepaßt. Als 740 001-006 sind sie entlang den Schnellfahrstrecken stationiert, um bei der Instandhaltung und Wartung der Weichen- und Signalanlagen sowie des Tunnelfunks eingesetzt zu werden.

Im Innenraum wurden ein Aufenthaltsraum, ein schallisolierter Raum für ein zusätzliches Dieselaggregat und ein großer Werkraum eingerichtet. An jeder Wagenseite wurden Klappen eingebaut, mit denen sperrige Teile ein- und ausgeladen werden können. Zusätzlich wurden mehrere Fenster verschlossen. Die Signaldienst-Wagen, deren Verwendungszweck in großen weißen Lettern seitlich angeschrieben ist, sind im typischen Arbeitswagen-Gelb der DB lackiert.

Technische Daten

Achsformel	AA
Länge über Puffer	13950 mm
Dienstmasse	25 t
Art des Antriebs	mechanisch
Nennleistung	222 kW
Höchstgeschwindigkeit	90 km/h

Bahndienst-Triebfahrzeuge

Werden Lokomotiven für den Erprobungsdienst herangezogen, erhalten sie neue Baureihenbezeichnungen, die auf den Einsatz als Bahndienstfahrzeuge hinweisen

Häufig waren und sind Einsätze für die Bundesbahn-Zentralämter bzw. deren Nachfolge-Institutionen der Deutschen Bahn in Minden und München, weshalb beispielsweise die 103 001 und 222 in Bahndienstfahrzeuge mit den Nummern 750 001 und 003 umgezeichnet wurden.
Die Prototypen der Baureihe 120 wurden nach Indienststellung der Serien-

Hinter der Hallenser 754 101 verbirgt sich die ehemalige 130 101

Die Vorserien-120er wurden und werden, soweit sie im Erprobungsdienst stehen, mit der Baureihenbezeichnung 752 versehen

maschinen aus dem regulären Zugdienst zurückgezogen und den Bundesbahn-Zentralämtern für Versuchsfahrten als Ablösung der Vorserien-103 zur Verfügung gestellt. Im März 1989 erhielten sie die Nummern 752 001 – 005.

Für Versuchseinsätze auf nicht elektrifizierten Strecken beheimatet der Bh Regensburg noch die 753 001 und 002, hinter denen sich ehemalige 217 verbergen. In Halle P war 1998 als letztes Relikt der mittlerweile geschlossenen Versuchsanstalt der ehemaligen Deutschen Reichsbahn noch die 755 025 beheimatet; ebenfalls noch abgestellt vorhanden ist dort die Bremslok 754 101, hinter der sich die Diesellok 130 101 verbirgt.

Technische Daten

Baureihe	750	752	753	755	
entspricht Baureihe	103.0	120.0	217	112	
Achsformel	Co'Co'	Bo'Bo'	B'B'	Bo'Bo'	
Länge über Puffer	19500	19200	16400	16640	mm
Dienstmasse	112	83,2	79,5	82,5	t
Art des Antriebs	Gummiringf.	Gelenk-Kard.	hydraulisch	elektrisch	
Stundenleistung	6200	5600/6400	1397	4220	kW
Anfahrzugkraft	314	340	235,2	248	kN
Höchstgeschwindigkeit	200	200/230	130	160	km/h

771

Schienenbusse

Für einen rationellen Betrieb auf Nebenstrecken beschaffte die DR mehrere Serien zweiachsiger Schienenomnibusse in den Ausführungen als Motor-, Bei- und Steuerwagen.

Für die heute als BR 771 und 971 bezeichneten älteren Fahrzeuge zeichnet der Waggonbau Bautzen als Hersteller verantwortlich. Sie wurden von 1962 bis 1965 geliefert. 1992 begann das Werk Halle der DR mit der umfassenden Modernisierung. Dabei entstanden aus Beiwagen 971.0 auch einige Steuerwagen 971.6, die ursprünglich nicht vorhanden waren. Fast alle dieser Schienenbusse der ersten Generation sind in das Programm einbezogen worden.

Auf dem vollständig geschweißten Rahmen sitzt der selbsttragende Wagenkasten in Stahlleichtbauweise. Für eine gute Verwindungssteifigkeit trägt der aus gesicktem Stahlblech hergestellte Fußboden bei. Der Wagenkasten stützt sich an vier Punkten über Schraubenfedern auf dem Rahmen ab. Zur Verbindung mehrerer Fahrzeuge sind Scharfenberg-Kupplungen montiert.

Die Frontfenstergestaltung der ersten Bauserien wurde später mit drei flachen Scheiben der neueren Serie angepaßt. die Türen sind elektropneumatisch betätigte Drehfalttüren. Seit der Modernisierung sind die Führerstände vom Großraum durch eine teilverglaste Wand abgetrennt.

Im Fahrgastgroßraum sind stoffgepolsterte Sitze und eine Toilette vorhanden. In den Bei- bzw. Steuerwagen ist ein großes Traglastenabteil eingebaut. Alle noch im Bestand der Deutschen Bahn verbliebenen Wagen sind modernisiert und türkis/lichtgrau lackiert.

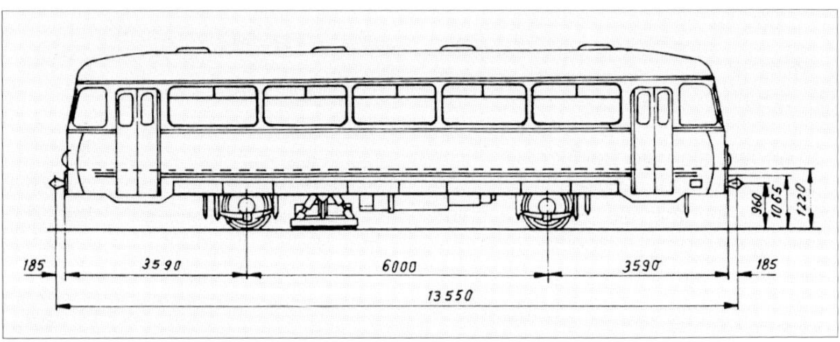

Neben den Triebwagen sind ein Bei- und drei Steuerwagen in das Modernisierungsprogramm für die DR-Schienenbusse einbezogen worden

Ein schallgedämmter Sechszylinder-Dieselmotor von MAN treibt den VT 771 an. Seine Kraft überträgt er mit einer Flüssigkeitskupplung auf das mechanische Sechsgang-Schaltgetriebe. Es ist als Radsatzwendegetriebe ausgeführt, enthält also auch den Achsantrieb und die Wendeschaltung für Vor- und Rückwärtsfahrt.

Zwei Lichtmaschinen werden über Keilriemen angetrieben. Neben der Druckluftbremse ist in den Triebwagen auch eine Magnetschienenbremse vorhanden; sie wird bei Schnellbremsungen zusätzlich aktiviert. Die VT 771 besitzen die üblichen Sicherheitseinrichtungen und sind mit einer Vielfachsteuerung zur Bedienung mehrerer Fahrzeuge von einem Führerstand aus eingerichtet.

Zusammen mit der Baureihe 772 werden die 771 im Nebenbahndienst in den fünf neuen Bundesländern eingesetzt.

Da nur ein Bei- und drei Steuerwagen rekonstruiert worden sind, werden die Triebwagen zumeist alleinfahrend eingesetzt.

Technische Daten

Achsformel	1A
Länge über Kupplung	13550 mm
Dienstmasse	19,3 t
Art des Antriebs	mechanisch
Nennleistung	132 kW
Höchstgeschwindigkeit	90 km/h
Sitzplätze Triebwagen	54
Sitzplätze Beiwagen	45

772 Schienenbusse

Die guten Erfahrungen mit den Schienenbussen der Reihe 771 veranlaßten die DR zur Beschaffung einer Nachfolgeserie. Dabei wurden anstelle der Beiwagen Steuerwagen in Dienst gestellt

1964-1969 lieferten Waggonbau Görlitz (772.1) und der Waggonbau Bautzen (772.0) 73 Motorwagen und ebensoviele Steuerwagen. Bei der DB tragen sie die Baureihenbezeichnung 772 und 972. In der großen Modernisierungsaktion, die 1992-1996 stattfand, wurden fast alle Wagen erneuert und zusätzlich mehrere VT 771 in VT 772.3 umgebaut.

Der in Stahlleichtbauweise hergestellte Wagenkasten ist vollständig geschweißt und selbsttragend. Er stützt sich über Schraubenfedern auf die vier Eckpunkte des Rahmens ab. Letzterer ist ebenfalls vollständig geschweißt. Die Radsätze laufen in Rollenlagern und werden im Rahmen spielfrei geführt. Stoßdämpfer und Stabilisatoren verbessern die Fahreigenschaften. An den Fahrzeugenden sind Scharfenbergkupplungen und leichte Gummipuffer montiert. Die vier Türen pro Fahrzeug werden elektropneumatisch betätigt. Im Innern sind abgetrennte und teilverglaste Führerstände vorhanden. Der Fahrgastraum ist mit stoffgepolsterten Sitzen versehen. Eine Toilette ist vorhanden. Anläßlich der Modernisierung wurden die Fahrzeuge türkis und lichtgrau lackiert, die wenigen noch roten Fahrzeuge im Originalzustand werden Schritt für Schritt ausgemustert.

Die modernisierten Wagen sind an den farben Türkis/Lichtgrau zu erkennen

Die Schienenbusse im klassischen DR-Rot sind selten geworden

Seit der Modernisierung im Werk Halle wird ein MAN-Sechszylinder-Dieselmotor als Antriebsquelle genutzt. Wie beim VT 771 wird die Leistung mit einem Flüssigkeitsgetriebe auf das mechanische Sechsgang-Getriebe übertragen. Es enthält gleichzeitig den Achsantrieb und die Wendeschaltung für Vor- und Rückwärtsfahrt. Die beiden Lichtmaschinen werden über Keilriemen angetrieben. Alle Wagen sind mit Vielfachsteuerung ausgestattet und besitzen eine Spurkranzschmierung.

Technische Daten

Baureihe	772.0	772.1	772.3-4	
Achsformel	1A	1A	1A	
Länge über Kupplung	13550	13550	13550	mm
Dienstmasse	19,4	22,1	19	t
Art des Antriebs	mechanisch	mechanisch	hydromechanisch	
Nennleistung	132	132	132	kW
Höchstgeschwindigkeit	90	90	90	km/h
Sitzplätze Triebwagen	54	54	54	
Sitzplätze Beiwagen	45	45	45	

Schienenbusse

Der Verkehr auf den Nebenstrecken der DB war lange ein Refugium der Schienenomnibusse. Nur für eine kurze Einsatzzeit gedacht, sind die letzten immer noch im Dienst

Nach einmotorigen Fahrzeugen begann 1955 die Auslieferung der 329 zweimotorigen Schienenbusse der Baureihe 798. Passend dazu wurden annähernd gleichviele Bei- und Steuerwagen der Reihen 998.0 und 998.6 gebaut. Hersteller waren MAN, WMD, Uerdingen, Orion, Rathgeber und Credé.

Auf dem geschweißten zweiachsigen Untergestell mit Regel-Zug- und Stoßeinrichtungen sitzt das Kastengerippe mit den aufgenieteten mittragenden Bekleidungsblechen.
Der Wagenkasten ist durch Schraubenfedern und Teleskop-Stoßdämpfern, bei den neueren Fahrzeugen mit einer lastabhägnig gesteuerten Luftfederung gegen das Fahrgestell abgefedert. Die Inneneinrichtung wird durch die kunstlederbezogenen Sitzbänke gekennzeichnet, deren Lehnen sich je nach Fahrtrichtung umklappen lassen. Die Führerstände sind offen. 1988 wurden 47 VT, 26 VB und 43 VS für schaffnerlosen Betrieb umgebaut. Dafür mußten die Türen mit Selbstbedienungsknöpfen versehen und ein Zahltisch am Fahrerplatz eingebaut werden. Außerdem entfiel in den Steuerwagen die Trennwand zwischen Fahrgast- und Gepäckraum.
Alle Schienenbusse blieben Zeit ihres Einsatzes bei der DB rot lackiert; lediglich drei Fahrzeuge wurden für den Einsatz auf der Chiemgau-Bahn Prien – Aschau türkis/lichtgrau gestrichen.

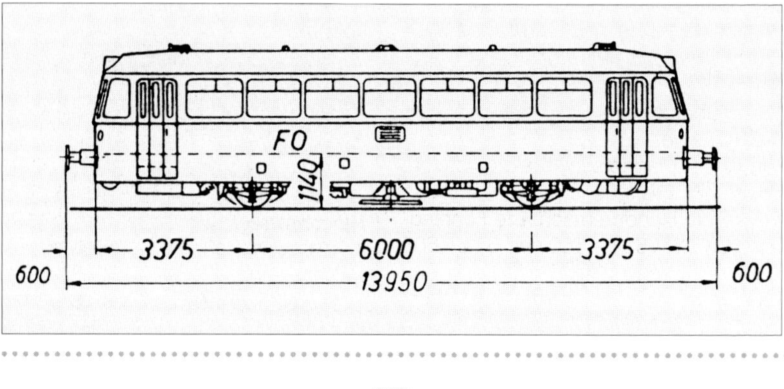

Die letzten Schienenbusse der früheren Bundesbahn sind 1997 in Tübingen stationiert gewesen

Im Fahrgestell der Triebwagen 796 – 798 sind zwei Fahrdieselmotoren vom Typ Büssing U 10 mit je sechs Zylindern und einer Leistung von 111 kW (150 PS) unterflur elastisch befestigt, die jeweils den Radsatz des anderen Wagenendes antreiben.

Über die am Motor angebaute hydraulische Kupplung und das elektromechanische Schaltgetriebe gelangt die Antriebsleistung über eine Gelenkwelle zum Radsatzwendegetriebe der Achse.

Die Schienenbusse verfügen über eine selbsttätige Druckluftbremse der Bauart Knorr, Magnetschienenbremse und zwei auf die nächstgelegene Achse wirkende Handbremsen. Die Fahrzeuge 796/798 531 – 550 und 571 – 600 hatten für den Einsatz auf Steilstrecken zusätzlich eine Motorbremse erhalten. Die Fahrzeuge besitzen induktive Zugsicherung, Sicherheitsfahrschaltung und Zugbahnfunk.

Die letzten bei der DB im Einsatz verbliebenen Wagen werden von Tübingen aus eingesetzt.

Eine ganze Reihe von Fahrzeugen wurde ins Ausland oder an Nichtbundeseigene Eisenbahnen verkauft; bei letzteren dürften sie – teilweise nochmals renoviert – noch über einige Jahre hinweg im Einsatz bleiben.

Technische Daten

Achsformel	AA
Länge über Puffer	13950 mm
Dienstmasse	20,3 t
Art des Antriebs	mechanisch
Nennleistung	222 kW
Höchstgeschwindigkeit	90 km/h

Triebfahrzeug-Nummernplan

Das folgende Verzeichnis enthält alle Baureihen, deren Baureihenbezeichnung sich geändert hat

Deutsche Bahn	DR ab 1970	DB ab 1968	DR/DB vor 1968/70
103	–	103	E 03
110	–	110	E 10
112	212	–	–
113	–	112	E 10.12
139	–	139	E 40.11
140	–	140	E 40
141	–	141	E 41
142	242	–	E 42
143	243	–	–
150	–	150	E 50
155	250	–	–
156	252	–	–
171	251	–	E 251
180	230	–	–
181.0	–	181	E 310
181.2	–	181	–
184	–	184	E 410
202	112	–	–
204	114	–	–
210.4	–	218	–
211	–	211	V 100.10
212	–	212	V 100.20
213	–	213	V 100.23
215	–	215	–
216	–	216	V 160
217		217	V 162
218	–	218	V 164

Deutsche Bahn	DR ab 1970	DB ab 1968	DR/DB vor 1968/70
219	119	–	–
229	119	–	–
232/234	132	–	–
290	–	290	V 90
294	–	290	–
295	–	291	–
298	108	–	–
310	100	–	Kö
311	101	–	V 15
312	102	–	V 23
323	–	323	Köf
324	–	324	Köf
332	–	332	Köf
333	–	333	Köf
335		333	–
344	104	–	V 60.10
345	105	–	–
346	106	–	V 60.10
347	105/106	–	–
360	–	260	V 60
361	–	261	V 60
363	–	360	–
364	–	360	–
365	–	361	–
399.1	–	329	Köf
410.1	–	402	–
470	–	470	ET 170
471	–	471	ET 171
476	276	–	ET 166
477	277	–	ET 167
478	278	–	ET 168

Triebfahrzeug-Nummernplan

Deutsche Bahn	DR ab 1970	DB ab 1968	DR/DB vor 1968/70
479.2	279.2	–	ET 188.5
485	270	–	–
624	–	624	VT 23/24
634	–	624	VT 24
701	–	701	TVT
702	–	702	TVT
708	188	–	–
714	–	214	V 100.20
724	–	724	VT 95.9
725	–	725	VT 98.9
726	–	726	TVT
727	–	727	VT 95.9
740	–	740	VT 98.9
750	–	103	E 03
751	–	110	E 10
752	–	120.0	–
753	–	217	–
755	130		
771/773	171	–	VT 2.09
772	172	–	–
796/798	–	798	VT 98.9

Bildnachweis

Archiv GeraNova: 29, 139

Bombardier: 157

Cantoni: 121, 123, 127

Dostal: 12, 13, 18, 19, 21, 23, 31, 47, 53, 55, 57, 64, 84, 103, 119, 170, 177, 179

De Dietrich: 153, 154

Edingshaus: 147, 150

Gleisbaumechanik Brandenburg: 166

Gussmann: 161

Heiderich: 79, 86, 88, 162, 164, 165, 169, 171, 177, 181

Heilmann: 51, 73, 91, 93, 131, 143, 160, 172

Henschel: 6,

Hörstel: 7, 50, 66, 163, 174

Jaster: 106o, 107l

Klein: 9, 25, 37, 49, 62, 74, 80, 92, 99, 101, 107r, 129, 140, 144, 151, 167

Konsortium ICT: 112, 113

Krauss-Maffei AG: 43

Lindenblatt: 125

May: 135

Mehnert: 70, 89, 180u

Niedt: 52, 114

E. Preuß: 111

Rampp: 149, 168,

Schulz: 17, 58, 69, 71, 75, 90, 105, 128, 130, 133, 136, 137, 184

Siemens Verkehrstechnik: 108, 109, 116, 117, 118, 155,

Splittgerber: 83, 159

Sydow: 33, 81, 142,

Völk: 11, 12, 14, 15, 16, 20, 22, 26, 27, 28, 34, 35, 39, 41, 45, 46, 59, 61, 63, 65, 67, 76, 77, 78, 82, 85, 87, 94, 95, 96, 97, 98, 104, 115, 145, 146, 148, 173, 175, 178, 180o, 183, 187

Werning: 156

Die Fahrzeug-Typenskizzen sind Presseinformationen der Schienenfahrzeug-Hersteller sowie der Deutschen Bahn AG und ihrer Vorgängerunternehmen entnommen.

V&R